Die Jodzahl

der

Fette und Wachsarten.

Von

Dr. Moriz Kitt,

Professor an der Handelsakademie in Olmütz, ständig beeideter
Sachverständiger für Chemie beim k. k. Kreisgerichte Olmütz.

Berlin.
Verlag von Julius Springer.
1902.

ISBN-13: 978-3-642-98497-6   e-ISBN-13: 978-3-642-99311-4
DOI: 10.1007/978-3-642-99311-4

Softcover reprint of the hardcover 1st edition 1902

Dem Andenken seines
unvergefslichen Lehrers

Professor Dr. Rudolf Benedikt

gewidmet vom

Verfasser.

Vorwort.

Wohl wenige Kapitel der Fettanalyse sind Gegenstand so eifriger Forschung geworden, wie die Bestimmung der „Jodzahl". Das überaus reichliche Untersuchungsmaterial ist derart angewachsen, daſs die Übersicht bereits Schwierigkeiten bietet. Bei der vielseitigen Anwendbarkeit dieser Untersuchungsmethode für die Analyse der Fette erschien es mir wünschenswert, die bisher über diesen Gegenstand veröffentlichten Versuche unter einem einheitlichen Gesichtspunkte zusammengefaſst zu sehen. Diesem Wunsche verdankt das vorliegende Büchlein seine Entstehung. Es ist in drei Teilen abgefaſst. Der erste Teil umfaſst die Bestimmung der Jodzahl nach dem v. Hüblschen Verfahren und die daraus entstandenen Verbesserungen und neuen Methoden. Der zweite Teil dürfte dem praktischen Chemiker nicht unwillkommen sein, er enthält die Jodzahlen der Fette und Wachsarten, soweit sie mir durch die Litteratur bekannt geworden sind, und im dritten Teile hat die Bestimmung der „Bromzahl" ihren Platz gefunden. Viele der im zweiten Teile enthaltenen Angaben über die Jodzahlen entstammen dem Buche: „Benedikt-Ulzer, Analyse der Fette und Wachsarten, 3. Auflage bei Julius Springer, Berlin 1897", sie sind durch die Abkürzung B.-U. gekennzeichnet. Die übrigen Daten sind den in zahlreichen Fachschriften enthaltenen Originalartikeln und Referaten entnommen.

Sollte das Büchlein bei den Fachgenossen Anerkennung finden, dann halte ich mich für meine mühevolle Arbeit reichlich belohnt.

Olmütz, im April 1902.

Der Verfasser.

Inhalt.

I. Teil

Das v. Hüblsche Verfahren, seine Verbesserungen, sowie neuere Methoden der Jodzahlbestimmung.

Theoretischer Teil.

Die Bestimmung der Jodzahl beruht auf der Eigenschaft ungesättigter Verbindungen, Halogene aufzunehmen, zu addieren und hierbei in gesättigte Verbindungen überzugehen. Es ist das Verdienst v. Hübls, diese lange bekannte Reaktion in die Fettanalyse eingeführt zu haben. In seiner Publikation[1]) bot er der Öffentlichkeit ein umfangreiches analytisches Material, welches die Brauchbarkeit der Methode belegte und ihr raschen Eingang zu schaffen wußte. Sowohl die in den Fetten vorkommenden ungesättigten Fettsäuren als deren Glyceride reagieren mit Halogen in der Art, daß durch die Einwirkung des Halogens die in den ungesättigten Fettsäuren enthaltenen durch zwei Valenzen gebundenen Kohlenstoffatome ihre Doppelbindung verlieren. So entsteht aus Ölsäure

$$CH_3 \cdot (CH_2)_7 \cdot CH : CH \cdot (CH_2)_7 \cdot COOH,$$

durch Einwirkung von Brom unter Anlagerung desselben

$$CH_3 \cdot (CH_2)_7 \cdot CHBr \cdot CHBr \cdot (CH_2)_7 \cdot COOH$$

eine gesättigte Verbindung, die Dibromstearinsäure.

Die bisher in den Fetten nachgewiesenen ungesättigten Verbindungen (Säuren) reagieren in ähnlicher Weise.

Bringt man nun ein Fett mit einer genau gemessenen Halogenmenge in Reaktion und bestimmt nach vollzogener Einwirkung die unverbraucht gebliebene Halogenmenge, so ergibt sich aus der Differenz beider Bestimmungen die vom Fette aufgenommene „addierte" Menge und zugleich ein Maß für den Gehalt des Fettes an ungesättigten Fettsäuren. Dies

---

[1]) Dinglers polytechn. Journal 253, 281.

ist das Prinzip der durch v. Hübl eingeführten „Jodadditions methode".

v. Hübl wählte Jod zur Einwirkung auf die Fette, da er unter Anwendung desselben die konstantesten Zahlen erhielt. Chlor wirkt zu energisch auf die Fette ein, ähnlich auch Brom. Versuche über die Einwirkung des Broms auf die Fette wurden schon vor der Arbeit v. Hübls unternommen und werden auch gegenwärtig vielfach durchgeführt, sie sollen den Gegenstand eines späteren Kapitels bilden.

Eine Lösung von Jod in irgend einem Lösungsmittel wirkt sehr langsam auf die Fette ein, weshalb man genötigt ist, die Wirkung des Jods zu beschleunigen. v. Hübl fand im Quecksilberchlorid ein Mittel, die Reaktionsfähigkeit des Jods gegen die Fette zu erhöhen, und benutzte zur Analyse derselben eine Lösung von Jod und Quecksilberchlorid in Alkohol. Das Quecksilberchlorid spielt hierbei die Rolle eines Halogenüberträgers und ist an der Reaktion mit beteiligt. Auch die alkoholische Jodsublimatlösung ist in ihrer Zusammensetzung Veränderungen unterworfen, da der als Lösungsmittel dienende Alkohol durch Jod und Quecksilberchlorid nach und nach verändert wird. Die bei der Bestimmung der Jodzahl vor sich gehenden chemischen Reaktionen sind hauptsächlich durch die Arbeiten von Liebermann,[1] J. J. A. Wijs[2] und auch durch v. Hübl aufgeklärt worden. Quecksilberchlorid und Jod wirken zunächst in der Art aufeinander ein, daſs Quecksilberjodid und Chlor entsteht

$$HgCl_2 + J_2 = HgJ_2 + Cl_2.$$

Das freiwerdende Chlor bildet mit dem im Überschusse vorhandenen Jod Chlorjod:

$$Cl_2 + J_2 = 2\,ClJ,$$

welches die wirksame Substanz der Hüblschen Lösung darstellt.

Von dem Vorhandensein des Quecksilberjodides in der Jodlösung kann man sich unmittelbar überzeugen, wenn man

---

[1] Berichte der Deutschen chem. Gesellschaft 1891 (24) 4117.

[2] Berichte der Deutschen chem. Gesellschaft 1898 (31) 750; Ztschr. f. analyt. Chemie 1898 (37) 277—283; Ztschr. f. angew. Chemie 1898, 291—293.

die Jodsublimatlösung mit Wasser verdünnt. Das Quecksilberjodid scheidet sich hierbei als roter Niederschlag aus.

Durch Einwirkung des Chlorjodes auf die Fette entstehen Chlorjodadditionsprodukte. So erhielt v. Hübl aus Ölsäure durch alkoholische Jodsublimatlösung ein Chlorjodadditionsprodukt, welches durch die Analyse als $C_{18}H_{34}O_2ClJ$ „Chlorjodstearinsäure" erkannt wurde.

Der Gleichung $HgCl_2 + J_2 = HgJ_2 + Cl_2$ zufolge wählt v. Hübl die Zusammensetzung der alkoholischen Jodlösung derart, daſs auf 1 Molekül $HgCl_2$ in der Lösung mindestens 2 Atome Jod vorhanden seien.

Auſser dieser Reaktion verlaufen in der Jodlösung noch Nebenreaktionen, welche einen Mehrverbrauch an Halogen bedingen und die Jodzahl höher finden lassen, als sie dem „Additionsvorgange" entsprechend sein sollte. Wahrscheinlich finden auch „Substitutionsvorgänge" statt,[1] worüber indes der exakte Beweis noch aussteht. Die nachstehende Tabelle enthält eine Zusammenstellung der wichtigeren in den Fetten vorkommenden ungesättigten Fettsäuren und ihre berechneten Jodzahlen, d. h. in Prozenten Jod ausgedrückt, jene Halogenmenge, welche die Fettsäuren zu addieren im stande sind.

$$
\begin{aligned}
&\text{Ölsäure } C_{18}H_{34}O_2 \quad \cdot \quad \cdot \quad \cdot \quad \cdot \quad 90.1 \\
&\text{Linolsäure } C_{18}H_{32}O_2 \quad \cdot \quad \cdot \quad \cdot \quad 181.4 \\
&\text{Linolensäure } C_{18}H_{30}O_2 \quad \cdot \quad \cdot \quad \cdot \quad 274.1 \\
&\text{Ricinolsäure } C_{18}H_{34}O_3 \quad \cdot \quad \cdot \quad \cdot \quad 85.2 \\
&\text{Erukasäure } C_{22}H_{42}O_2 \quad \cdot \quad \cdot \quad \cdot \quad 75.1 \\
&\text{Jekoleinsäure } C_{19}H_{36}O_2 \quad \cdot \quad \cdot \quad \cdot \quad 85.8
\end{aligned}
$$

Gegenüber diesen berechneten Zahlen weisen die analytisch bestimmten Jodzahlen einige Unterschiede auf. So findet man für Ölsäure die Jodzahl innerhalb der Grenzen 89.8 bis 90.5, für Ricinusölsäure 86.6 bis 88.3[2], d. h. mitunter höher als sie theoretisch sein kann. Auch gesättigte Fettsäuren zeigen bei der Einwirkung alkoholischer Jodsublimatlösung mitunter eine Aufnahme von Jod in geringer

---

[1] K. Dieterich, Chem. Ztg. 1898 S. 729, findet für Stearinsäure die Jodzahl 20.9, während sie theoretisch 0 sein sollte.

[2] Morawski u. Demski, Dinglers polytechn. Journ. 258, 41.

Menge. Dementsprechend kann angenommen werden, daſs eine geringe Menge Jod oder Chlor substituierend auf das Fett einwirkt etwa nach

$$\overset{|}{\underset{|}{C}H_2} + ClJ = \overset{|}{\underset{|}{C}HCl} + HJ \quad \text{oder} \quad \overset{|}{\underset{|}{C}H_2} + ClJ = \overset{|}{\underset{|}{C}HJ} + HCl.$$

Diese Annahme wird unterstützt durch die Tatsache, daſs bei der Einwirkung der alkoholischen Jodsublimatlösung auf das Fett sich Halogenwasserstoff bildet. Schweizer und Lungwitz[1]) nehmen die Bildung von Jodwasserstoff an, während Waller[2]) die Gegenwart von Chlorwasserstoff in der alkoholischen Jodsublimatlösung annimmt. Diese Nebenreaktionen finden nicht nur bei Einwirkung der Jodlösung auf das Fett, sondern auch in der alkoholischen Jodsublimatlösung selbst statt. Waller[2]) nimmt an, daſs das durch die Einwirkung von Jod auf Sublimat freiwerdende Chlor

$$HgCl_2 + J_2 = HgJ_2 + Cl_2$$

zum Teil mit dem im Alkohol enthaltenen Wasser reagiert

$$Cl_2 + H_2O = 2\,HCl + O,$$

wodurch Sauerstoff entstände, welcher bei Ausführung der Jodzahlbestimmung die noch unverändert gebliebenen ungesättigten Fettsäuren oxydieren könnte. Auch die alkoholische Jodlösung selbst enthält nach einiger Zeit Oxydationsprodukte des Alkohols, namentlich Aldehyd, worauf Wijs besonders hingewiesen hat. Man kann sich hiervon leicht überzeugen. Wenn man aus einer lange aufbewahrten alkoholischen Jodsublimatlösung das Jod durch Natriumthiosulfat entfernt und den Alkohol abdestilliert, dann erhält man zuerst übergehend ein intensiv nach Aldehyd riechendes Destillat. Wijs erklärt die in der Jodlösung vor sich gehenden Reaktionen auf folgende Weise:

$$HgCl_2 + 2\,J_2 = HgJ_2 + 2\,ClJ$$
$$ClJ + H_2O = HCl + HJO.$$

---

[1]) Ztschr. angew. Chemie 1895, 245.
[2]) Chemiker-Ztg. 1895, 1786 u. 1831.

Durch Einwirkung des Chlorjodes auf Wasser bildet sich bis zu einem Gleichgewichtszustande Chlorwasserstoff und unterjodige Säure, welche ihrerseits wieder zerfällt in

$$5\,HJO = HJO_3 + 2\,J_2 + 2\,H_2O$$

und zum Teil auch oxydierend wirkt nach:

$$2\,HJO + CH_3 \cdot CH_2OH = 2\,H_2O + J_2 + CH_3CHO.$$

Nach Einwirkung der alkoholischen Jodsublimatlösung auf die Fette wird die unverbrauchte Jodmenge zurückgemessen und zu diesem Zwecke Jodkaliumlösung zugefügt. Hierbei finden nach Wijs folgende Vorgänge statt:

$$ClJ + KJ = KCl + J_2$$
$$HCl + HJO + KJ = KCl + H_2O + J_2$$
$$5\,HCl + HJO_3 + 5\,KJ = 5\,KCl + 3\,H_2O + 3\,J_2.$$

Alle diese Reaktionen finden gleichzeitig nebeneinander statt und beeinträchtigen die absolute Genauigkeit der Methode. Immerhin aber lassen sie sich in nicht zu weiten Grenzen festhalten, wovon später noch ausführlicher die Rede sein wird.

Praktische Ausführung.

Die praktische Ausführung des Verfahrens ist im wesentlichen die folgende: Eine genau gewogene Menge des zu untersuchenden Fettes wird in einem geeigneten Lösungsmittel gelöst und mit einer genau gemessenen Menge Jodsublimatlösung versetzt, welche man eine bestimmte Zeit hindurch einwirken läfst. Man bestimmt in derselben Menge Jodsublimatlösung den Gehalt an Jod und in der der Fettprobe zugesetzten Jodsublimatlösung nach Beendigung der Einwirkung das nunmehr noch vorhandene Jod. Die Differenz beider Bestimmungen gibt die vom Fette absorbierte Jodmenge an, welche man in Prozenten der angewendeten Substanz ausgedrückt als „Jodzahl" bezeichnet. Die Bestimmung des Jodes in der Lösung erfolgt mafsanalytisch durch Natriumthiosulfat. Zur Durchführung der Bestimmung sind eine Reihe von Flüssigkeiten erforderlich, die man zweckmäfsig in gröfserer Menge vorrätig hält, namentlich die alkoholische Jodlösung und die zum Titrieren derselben erforderliche Natriumthiosulfatlösung.

Die alkoholische Jodsublimatlösung

bereitet man nach der Vorschrift v. Hübls durch Auflösen von ungefähr 25 g sublimierten Jodes und 30 g Quecksilberchlorid in je 500 cm^3 reinem 95^0/$_0$igem Weingeist. Das Quecksilberchlorid löst sich, wenn unrein, in Alkohol nicht vollkommen klar auf, man filtriert dann die Lösung vor ihrer Verwendung. Beide Lösungen werden vereinigt. Die Mischung enthält Jod und Quecksilberchlorid ungefähr im Verhältnis von zwei Atomen Jod zu einem Molekül Quecksilberchlorid und zeigt in 25 cm^3 einen Gehalt von etwa 0·6 g Halogen (als Jod berechnet), welcher jedoch anfangs rasch, später langsamer abnimmt. v. Hübl verwendete daher die Jodsublimatlösung erst 6—12 Stunden nach ihrer Bereitung. Zur Aufbewahrung der Lösung verwendete Benedikt eine Flasche mit Kautschukstöpsel, in dessen Bohrung eine 25 cm^3 Pipette eingeführt ist. Das obere Ende der Pipette wird für gewöhnlich durch ein mit Glasstab versehenes Stück Kautschukschlauch geschlossen. Zur maßsanalytischen Bestimmung des Jodes in der Jodsublimatlösung[1]) dient eine

Natriumthiosulfatlösung,

welche man durch Auflösen von etwa 24 g kristallisiertem Thiosulfat in 1 Liter Wasser bereitet. Natriumthiosulfat wirkt auf freies Jod nach der Gleichung

$$2\,Na_2S_2O_3 + J_2 = Na_2S_4O_6 + 2\,NaJ.$$

1 Molekül Natriumthiosulfat entspricht somit einem Atom Jod. Der Wirkungswert der Thiosulfatlösung wird nach einem der im nachstehenden beschriebenen Verfahren festgestellt.

Titerstellung mit Jod: Man verwendet sublimiertes Jod, welches man in ein verschließbares, vorher gewogenes Röhrchen einfüllt und zum beginnenden Schmelzen erhitzt. Nach dem Erkalten im Exsikkator wird das gefüllte Röhrchen gewogen, die Menge des Jodes sei ca. 0·2 g. Man bringt das Röhrchen samt Inhalt geöffnet in eine Reagensflasche von ca. 500 cm^3 Inhalt mit gut eingeschliffenem Glasstöpsel und nimmt die gewogene Jodmenge in 10 cm^3 10$^0/_0$iger Jodkaliumlösung auf. Zur Ausführung der bei den Jodzahlbestimmungen nötigen Titrierungen sind Reagensflaschen im Handel erhältlich, deren gut eingeschliffener Glasstöpsel unten eine spitz zulaufende Verlängerung trägt, welche ein leichtes Abtropfen der Flüssigkeit ermöglicht und beim Öffnen der Flasche Sicherheit gegen Verluste durch Verspritzen bieten soll. Die Jodkaliumlösung bereite man aus reinstem Jodkalium, eine

---

[1]) Man zieht die gesamte in der Lösung bestimmte Halogenmenge als Jod in Rechnung.

Lösung von unreinem Jodkalium färbt sich bald durch Ausscheidung von Jod gelbbraun. Die abgewogene Jodmenge wird nunmehr mit der zu untersuchenden Thiosulfatlösung titriert, indem man diese aus einer Bürette langsam zufliefsen läfst. Die durch Jod dunkelbraun gefärbte Lösung wird nach und nach hellgelblich und schliefslich durch einige Tropfen der Thiosulfatlösung entfärbt. Die Gegenwart eines Indikators ist nicht unbedingt notwendig,[1] der Übergang der gelben Färbung in farblos ist zu erkennen, doch ist es vorzuziehen, sich hierbei des Stärkekleisters als Indikator zu bedienen. Man bereitet einen etwa $1\,^0/_0$igen Stärkekleister und setzt bei jeder Titrierung vor der Endreaktion einige Kubikcentimeter zur Jodlösung zu. Die blaue Farbe des Jodstärkekleisters erzeugt in der gelblichen Lösung anfangs einen grünlichen Farbenton, welcher nach und nach in intensives Blau, endlich Rotviolett und farblos übergeht. Diese Abstufungen der Färbung bringen es mit sich, dafs man unter Anwendung des Stärkekleisters nicht leicht wird „übertitrieren" können. Wer einmal sich an diesen Indikator gewöhnt hat, wird nicht leicht desselben entraten wollen. Freilich eignet sich nicht jede Stärkesorte gleich gut, man verwende die feinkörnige Reisstärke und bereite den Kleister, indem man das Wasser nahe zum Sieden erhitzt, die fein pulverisierte Stärke einträgt und einigemal unter Umschütteln aufkocht. Verschliefst man hierauf noch während des Siedens den Hâls des Kochkolbens, in welchem der Kleister hergestellt wurde, durch einen Baumwollenpfropf, dann ist der Indikator durch ca. 14 Tage gebrauchsfähig.[2] Später geht die „Blaufärbung" durch Jod verloren und es treten schmutziggraue Farbentöne auf, welche die Endreaktion undeutlich machen. Man wird zur Titration der angegebenen Jodmenge ungefähr 30 cm^3 der Natriumthiosulfatlösung benötigen, und 1 cm^3 der Thiosulfatlösung entspricht ungefähr 0·013 g Jod. Die Wägung des reinen Jodes ist etwas umständlich, weshalb von vielen die Titerstellung mit Kaliumbichromat[3] vorgezogen wird,

---

[1] E. Pflüger, W. Fahrion, Chem. Ztg. 1891, 1791.

[2] H. Král, Pharm. Centrh. n. F. 1894, 15, 606, empfiehlt den Stärkekleister mit Chloroform durchzuschütteln.

[3] Volhard.

welche auch den Vorteil gewährt, daſs eine Kaliumbichromatlösung von bestimmtem Gehalt, einmal hergestellt, für viele Titerstellungen ausreicht und sich längere Zeit unverändert aufbewahren läſst. Kaliumbichromat scheidet in saurer Lösung aus Jodkaliumlösung Jod aus nach der Gleichung:

$$K_2Cr_2O_7 + 6\,KJ + 14\,HCl = 8\,KCl + Cr_2Cl_6 + 7\,H_2O + 3\,J_2.$$

1 Molekül Kaliumbichromat entspricht somit 6 Atomen Jod. Man stellt eine Lösung von Kaliumbichromat von bekanntem Gehalte her und berechnet die durch die verwendete Menge derselben aus Jodkaliumlösung abgeschiedene Jodmenge. Um überflüssige Rechnung zu ersparen, ist es zweckmäſsig, die Konzentration der Bichromatlösung derart zu wählen, daſs 1 cm^3 derselben genau 0·01 g Jod auszuscheiden im stande ist. Eine Lösung von genau 3·874 g Bichromat in genau 1000 cm^3 Wasser entspricht dieser Bedingung und ist in wohlverschlossener Flasche unverändert haltbar. Das Bichromat sei vollkommen rein und wird vor der Wägung durch Erhitzen bis zum beginnenden Schmelzen entwässert. Zur Titerstellung läſst man aus einer Bürette eine genau gemessene Menge, etwa 20 cm^3, der Bichromatlösung in eine Stöpselflasche flieſsen, welche mit 20 cm^3 der 10$^0/_0$igen Jodkaliumlösung und einigen Kubikcentimetern konzentrierter Salzsäure beschickt ist. Die Titrierung erfolgt nun in gleicher Weise wie früher, nur ist hier darauf zu achten, daſs die fertig titrierte Lösung nicht farblos, sondern infolge des entstandenen Chromchlorides grünlich gefärbt ist.

Die Bestimmung der Jodzahl

nach dem v. Hüblschen Verfahren erfolgt nun in folgender Weise: Man wägt eine Probe des zu untersuchenden Fettes ab und bringt sie mit 25 cm^3 der Jodsublimatlösung in Reaktion. Die abzuwägende Fettmenge muſs der zuzusetzenden Jodsublimatlösung angepaſst sein, so daſs jedenfalls nach vollendeter Reaktion noch in der Flüssigkeit ein Überschuſs von Jod vorhanden ist. Für 25 cm^3 zuzusetzender Jodsublimatlösung verwendet man nach v. Hübl von trocknenden Fetten 0·15 bis 0·18 g, von nichttrocknenden Fetten, welche weniger Jod absorbieren, 0·3 bis 1 g. Zum Abwägen der Fette bedient man sich eines kleinen Becherglases samt Glasstab oder zweckmäſsiger einer der von Mangold[1]) oder Holde[2]) vorgeschlagenen Fettwägegläschen. Es sind dies kleine in Bechergläser eingepaſste Pipetten, welche durch den Druck der Finger auf eine Kautschukkappe leicht gefüllt und entleert werden können. Man wägt die mit Fett gefüllte Wägevorrichtung genau ab, bringt mit Hülfe der Pipette die erforderliche Menge Fett in eine etwa 500 cm^3 fassende Reagensflasche und wägt nun die Wägevorrichtung zurück. Bei wiederholtem Gebrauche derartiger Wägepipetten kann man aus der Anzahl der der Pipette entflieſsenden Tropfen sehr leicht die zur Probe erforderliche Fettmenge bemessen. Bei trocknenden Ölen werden in der Regel 5—6 Tropfen genügen.

Das in der Reagensflasche befindliche, dem Gewichte nach bestimmte Fett wird nun mit einem Lösungsmittel behandelt, welches die Einwirkung der alkoholischen Jodsublimatlösung erleichtern soll. Am zweckmäſsigsten dient hierzu Chloroform, welches ein ausgezeichnetes Lösungsvermögen für Fette besitzt. Für die abgewogene Fettmenge genügen 10—20 cm^3 Chloroform. Chloroform ist im Handel rein erhältlich, es kann jedes Chloroform benutzt werden, welches durch Jod nicht verändert wird, d. h. bei Einwirkung der alkoholischen Jodsublimatlösung keinen Verbrauch an Jod nachweisen läſst. Man kann sich durch einen Versuch von der Brauchbarkeit des Chloroforms überzeugen. Äther, welcher ebenfalls ein ausgezeichnetes Lösungsvermögen für Fette besitzt, enthält namentlich bei längerem Aufbewahren Verbindungen, welche Jod absorbieren ($CH_2 : CH \cdot OH$ Vinylalkohol) und ist zur Bestimmung der Jodzahl nicht anwendbar. Unter Umständen kann es zweckmäſsig sein, das Chloroform durch ein anderes Lösungsmittel zu ersetzen, so verwendet K. Farnsteiner[3]) zur Bestimmung der Jodzahl flüssiger Fettsäuren Benzol, indem er die Bestimmung der Jodzahl mit anderen analytischen Methoden kombiniert. Gleichwohl wird man, wo es angeht, dem Chloroform als erprobtem Mittel den Vorzug einräumen.

---

[1]) Zu beziehen von J. W. Rohrbeck's Nachf., Wien.
[2]) Kaehler u. Martini, Berlin.
[3]) Ztschr. Unters. Nahrungs- u. Genuſsmittel 1898, 530.

Nach einigem Umschwenken ist das Fett in Chloroform gelöst und wird nun mit der Jodsublimatlösung versetzt. Man entnimmt dieselbe einer 25 cm³ Pipette und zählt die beim Entleeren der Pipette nachfließenden Tropfen, da man gleichzeitig genau die gleiche Menge Jodsublimatlösung unter den gleichen Bedingungen wie bei Bestimmung der Jodzahl einer Titrierung unterwerfen muſs, um ihren Gehalt an Jod festzustellen. Ist der Zusatz der Jodlösung zum Fette erfolgt, dann wird die Reagensflasche verschlossen, vorsichtig umgeschwenkt und einige Stunden der Ruhe überlassen. Nun erfolgt die Absorption des Jodes durch das Fett und ist nach ungefähr zwei Stunden beendet. v. Hübl empfahl anfangs nach zweistündigem Stehen den Überschuſs an zugesetztem Jode zurückzumessen, welcher Zeitraum später durch Benedikt auf 6 Stunden erweitert wurde.

Zum Zurückmessen des Jodüberschusses verdünnt man die in der Reagensflasche befindliche Flüssigkeit zunächst mit etwa 300 cm³ Wasser. Da sich hierbei Quecksilberjodid abscheiden würde, wird vorher eine genügende Menge (20 cm³) $10\,^0/_0$iger Jodkaliumlösung zugesetzt, welche das Quecksilberjodid in Lösung hält. Nun erfolgt die Titration mit Natriumthiosulfat unter denselben Bedingungen wie auf Seite 10 angegeben wurde. Auch in den 25 cm³ Jodsublimatlösung erfolgt die Bestimmung des Jodes in derselben Weise, wie in der Probe.

Als Beispiel der Berechnung diene der nachstehende Versuch:

I. 0·1654 g Leinöl ⎫ wurden in je 10 cm³ Chloroform ge-
II. 0·1821 „   „ ⎬ löst, mit 25 cm³ der alkoholischen Jodsublimatlösung versetzt. Nach beendeter Einwirkung wurden je 20 cm³ $10\,^0/_0$iger Jodkaliumlösung und 300 cm³ Wasser zugesetzt und mit Natriumthiosulfatlösung unter Anwendung von Stärkekleister titriert. 1 cm³ der Thiosulfatlösung entsprach 0·01203 g Jod und es wurden verbraucht für

I. 25·6 ⎫
II. 23·2 ⎬ cm³ Thiosulfatlösung.

25 cm³ der alkoholischen Jodsublimatlösung erforderten bei

der Titration (bei gleicher Behandlung wie I u. II) 49·4 cm³ Thiosulfatlösung, somit wurde bei

$$\left.\begin{array}{ll} \text{I. eine} & 49·4 - 25·6 = 23·8 \\ \text{II. } \quad \text{„} & 49·4 - 23·2 = 26·2 \end{array}\right\} \text{cm}^3 \text{ Thiosulfatlösung}$$

entsprechende Menge Jod vom Öle absorbiert, d. i. bei

$$\begin{array}{ll} \text{I.} & 0·286314 \text{ g Jod } (0·01203 \times 23·8) \\ \text{II.} & 0·315186 \quad \text{„} \quad \text{„} \quad (0·01203 \times 26·6). \end{array}$$

Diese Jodmenge in Prozenten der angewendeten Substanz ausgedrückt, ergibt die Jodzahl für

$$\begin{array}{ll} \text{I.} & 173·10 \\ \text{II.} & 173·08. \end{array}$$

Die Vorschrift v. Hübls wurde kurz nach ihrer Veröffentlichung von vielen Analytikern durchgeprüft, und es zeigte sich, daſs die danach erhaltenen Jodzahlen mannigfachen Schwankungen unterliegen und daſs die Methode in der Hand verschiedener Chemiker verschiedene Resultate ergab. So wurde späterhin auf verschiedene Fehlerquellen aufmerksam gemacht, durch deren Vermeidung eine erhöhte Genauigkeit der Methode erzielt wurde. Die Fehlerquellen und die sich daran knüpfenden Abänderungsvorschläge sollen den Gegenstand der nun folgenden Kapitel bilden. Erstere liegen hauptsächlich in der „Veränderlichkeit des Titers der alkoholischen Jodsublimatlösung", der „Einwirkungszeit" und in der im Verhältnisse zur abgewogenen Fettmenge „angewendeten Jodmenge".

Die Veränderlichkeit des Titers

der alkoholischen Jodsublimatlösung ist besonders von W. Fahrion[1]) und D. Holde[2]) eingehender studiert worden. Vermischt man alkoholische Jodlösung und alkoholische Sublimatlösung, so findet infolge der eingangs im theoretischen Teil erwähnten Reaktionen ein stetiger Verbrauch von Jod statt, welcher namentlich in den ersten Tagen nach der

---

[1]) Chem. Ztg. 1891 pag. 1791, 1892 pag. 1472.

[2]) Mitteilungen der kgl. techn. Vers. zu Berlin 1891, 9, pag. 81; Chem. Ztg. 1892 pag. 1176.

Mischung ziemlich beträchtlich ist und späterhin abnimmt, ohne jedoch in der Abnahme Gesetzmäfsigkeit aufzuweisen. v. Hübl schlug deshalb auch vor, die Jodsublimatlösung erst 6—12 Stunden nach ihrer Bereitung in Gebrauch zu nehmen. Nach seinen Versuchen zeigte der Titer der Jodsublimatlösung die folgende Veränderung:

$$\text{Titer der Jodsublimatlösung}$$

nach der Bereitung 1 cm³ $= 0\cdot01900$ g Jod, Abnahme in $^0/_0$ —

nach 10 Tagen „	$= 0\cdot01715$ „ „	„	„ „	9·7
„ 20 „ „	$= 0\cdot01552$ „ „	„	„ „	18·3
„ 30 „ „	$= 0\cdot01451$ „ „	„	„ „	23·6
„ 40 „ „	$= 0\cdot01410$ „ „	„	„ „	25·78

Nach W. Fahrion ist die Abnahme des Titers der Jodsublimatlösung ziemlich bedeutend, so zeigten bei zwei Versuchsreihen je 20 cm³ einer alkoholischen Jodsublimatlösung

	I.		II.	
	Gehalt an Jod	Abnahme in $^0/_0$ Jod	Gehalt an Jod	Abnahme in $^0/_0$ Jod
unmittelbar n. d. Bereitung	0·4944	—	0·4806	—
nach 8 Tagen	0·3776	23·6	0·3961	17·6
„ 14 „	0·3404	31·2	0·3541	26·3
„ 5 Wochen	0·2590	49·6	—	—
„ 7 „	—	—	0·2397	50·1

Demgegenüber finden H. Kreis[1] und M. Kitt[2] geringere Werte für die Abnahme des Titers; so betrug dieselbe für 25 cm³ Jodsublimatlösung nach den Versuchen von

H. Kreis			M. Kitt		
nach 2 Stunden	—		nach 24 Stunden	$2\cdot12^0/_0$
„ 4 „	—		„ 45 „	$3\cdot31^0/_0$
„ 6 „	$0\cdot13^0/_0$		„ 15 Tagen	$9\cdot33^0/_0$
„ 8 „	$0\cdot13^0/_0$		„ 27 „	$12\cdot75^0/_0$
„ 24 „	$0\cdot26^0/_0$			
„ 48 „	$1\cdot53^0/_0$			
„ 21 Tagen	$8\cdot68^0/_0$			

---

[1] Schweiz. Wochenschr. f. Chemie u. Pharm. 1901, 215 (Chem. Revue 1901, 6, 125).

[2] Ch. Ztg. 1901 pag. 540.

Dieser Zusammenstellung ist zu entnehmen, daß die Abnahme des Titers eine verschiedene sein kann und durch mancherlei Faktoren bedingt ist. Namentlich ist die Temperatur hierbei von großem Einfluß, worauf W. Fahrion zuerst aufmerksam machte. Fahrion schlägt daher vor, die alkoholische Jodlösung im Keller aufzubewahren. Vom Einfluß der Temperatur kann man sich überzeugen, wenn man die alkoholische Jodlösung unter Rückflußkühlung kocht.[1]) So zeigte eine Lösung nach einstündigem Kochen eine Abnahme des Titers um $35.7\,^0/_0$, nach fünfstündigem Kochen um $63.85\,^0/_0$. Diese Abnahme des Titers ist nach zwei Richtungen von Einfluß auf die Genauigkeit der Methode, einerseits können bei der Titerstellung der Jodsublimatlösung, die bei jeder Jodzahlbestimmung vorgenommen werden muß, verschiedene Zahlen gewonnen werden, je nach der Zeit, nach welcher diese Titerstellung erfolgt, andererseits ist (es wird hierauf später zurückgekommen werden) durch diese Veränderlichkeit der bei der Durchführung der Methode notwendige „Jodüberschuß" ebenfalls Schwankungen unterworfen.

Um die Jodzahl eines Fettes zu bestimmen, ist es notwendig, für jeden Versuch, oder doch jede gleichzeitig vorgenommene Versuchsreihe, jedesmal den Jodgehalt der beim Versuch verwendeten alkoholischen Jodlösung genau zu bestimmen. Bestimmt man diesen Gehalt zu Anfang des Versuches und zu Ende desselben, so werden sich verschiedene Resultate ergeben, ebenso wenn man die Jodsublimatlösung zu diesem Zweck direkt der Vorratsflasche entnimmt (was zu verwerfen ist) oder sie denselben Bedingungen unterwirft wie das zu untersuchende Fett, wenn mit ihr, wie der technische Ausdruck lautet, ein blinder Versuch vorgenommen wird. Für den Einfluß dieser Umstände auf die Genauigkeit der Jodzahl gibt D. Holde[2]) das folgende Beispiel.

0.2 g Öl wurden mit 50 cm^3 Jodsublimatlösung versetzt und der Titer derselben gleichzeitig für 50 cm^3 zu 1.008 gr Jod gefunden (Anfangstiter), nach zweistündiger Einwirkung wurde in der Probe die noch vorhandene Jodmenge zu 0.8 g

------

[1]) M. Kitt, Ch. Ztg. 1901 pag. 540.
[2]) Ch. Ztg. 1892 pag. 1176.

gefunden und in 50 cm³ Jodsublimatlösung nach zwei Stunden der Gehalt an Jod zu 1·000 g (Endtiter).

Berechnet man die vom Öle absorbierte Jodmenge unter Annahme des Anfangstiters, dann ergibt sich dieselbe zu 1·008 — 0·8 = 0·208 g entsprechend der Jodzahl 104. Legt man der Berechnung den Endtiter zu grunde, dann findet man die Jodabsorption zu 1·000 — 0·8 = 0·2 entsprechend der Jodzahl 100. Letztere Zahl entspricht den Tatsachen jedenfalls besser als die erstere, denn von der zu Anfang des Versuches vorhandenen Jodmenge von 1·008 g wurden 0·008 g Jod in der Jodlösung selbst unwirksam, daher ist nicht der ganze Jodverbrauch von 0·208 g auf Rechnung des Öles zu setzen, sondern nur 0·208 — 0·008 = 0·2 g. Vollkommen richtig ist jedoch auch diese Annahme nicht, denn versetzt man ein Fett mit Jodsublimatlösung, dann wird von demselben in den ersten Stunden ziemlich viel Jod absorbiert und die im Überschufs vorhandene Jodsublimatlösung erlangt eine andere Konzentration als bei jenem Versuche, wo die Jodsublimatlösung für sich einer Titrierung unterworfen wird. Bei verschiedenen Konzentrationen wird jedoch die Abnahme des Jodgehaltes einer Jodsublimatlösung auch verschiedene Werte erreichen, sie wird im erwähnten Beispiele wahrscheinlich geringer sein als 0·008 g. Holde wählt deshalb das Mittel der beiden Titerstellungen und findet die Jodabsorption 1·004 — 0·8 = 0·204 und die Jodzahl 102. In gleicher Weise empfiehlt E. Dieterich[1]) zwei Titerstellungen zu Anfang und Ende des Versuches, beide unter Anwendung von Chloroform, 10 %/₀iger Jodkaliumlösung etc. wie bei Ausführung des Versuches selbst.

Eine weitere Fehlerquelle bei Bestimmung der Jodzahl, welche auch mit der erwähnten Veränderlichkeit des Titers im Zusammenhange steht, liegt in der Menge der beim Versuche verwendeten Jodlösung, im sogenannten

„Jodüberschufs".

Wird eine bestimmte Menge Fett mit Jodsublimatlösung versetzt und die Jodzahl desselben bestimmt, so zeigt es sich,

---

[1]) Helfenberger Annalen 1891 und 1892, Ch. Ztg. 1892 pag. 243 und 1893 pag. 203.

dafs die Zahlen verschieden ausfallen, je nach der Menge der zugesetzten Jodsublimatlösung, und dafs sie nur dann übereinstimmend gefunden werden, wenn nach beendeter Einwirkung der Jodsublimatlösung dieselbe noch eine gewisse Menge wirksames Jod enthält. Namentlich trocknende Öle verlangen eine sorgfältige Anpassung der Menge der zuzusetzenden Jodsublimatlösung an die Menge der abgewogenen Substanz. v. Hübl[1]) fand beispielsweise für Leinöle verschiedener Provenienz die Jodzahlen innerhalb der Grenzen 156—160, während nach neueren Untersuchungen, welche diesem Verhalten Rechnung tragen, die Jodzahlen der Leinöle bei ungefähr 170—180 gefunden werden. Es haben sich viele Forscher mit der Frage des Jodüberschusses beschäftigt, wie Benedikt,[2]) Fahrion,[3]) Holde,[4]) E. Dieterich,[5]) C. Amthor und J. Zink,[6]) und andere. Sie sind zum Teile zu recht abweichenden Resultaten gelangt. Ist der Jodüberschufs zu gering, dann erhält man Jodzahlen, welche zu niedrig sind und nicht das Maximum der Jodmenge angeben, welche das Fett zu absorbieren imstande ist, ist der Jodüberschufs zu grofs, dann erhält man Jodzahlen, welche nicht allein auf eine Absorption des Jodes durch das Fett zurückzuführen sind, sondern die theoretisch berechneten Jodzahlen übertreffen. Es hat dann offenbar auch Substitution des Jodes stattgefunden.

Als Beispiel hierfür führt Fahrion das Ricinusöl an, welches fast ganz aus den Triglyceriden der Ricinol- und Ricinisolsäure ($C_{18}H_{34}O_3$) besteht und nur etwa 3—4 % Triglyceride fester Fettsäuren enthält. Den Triglyceriden der Ricinusölfettsäuren kommt theoretisch die Jodzahl 81·4 zu.

---

[1]) Dinglers polyt. Journ. 253 pag. 281.

[2]) Ch. Ztg. 1892 pag. 651.

[3]) Ch. Ztg. 1891 pag. 1791; Ch. Ztg. 1892 pag. 862 u. 1472; Ztschr. f. angew. Chem. 1896, 29; Z. Vereinbarung einheitl. Prüfungsmethoden f. fette Öle Ch. Revue 1898, 41—43.

[4]) Mitteil. der kgl. techn. Vers. zu Berlin 1891, 9, 81 (Ch. Ztg. Rep. 1891 pag. 227); Ch. Ztg. 1892 pag. 1176.

[5]) Helfenberger Annalen 1891 u. 1892 (Ch. Ztg. Rep. 1892 pag. 243, 1893 pag. 203).

[6]) Ztschr. f. analyt. Chem. 1892, 31 pag. 534.

Das Ricinusöl selbst müfste demnach ungefähr die Jodzahl 80 besitzen, nicht mehr. Dem gegenüber fand

v. Hübl   84·4

E. Dieterich   84·0—84·5

und Fahrion   82·8—90·9,

je nach den Bedingungen, unter welchen die Bestimmung vorgenommen wurde.

Es ist nun eigentlich gleichgültig für die praktische Bestimmung der Jodzahl, ob dieselbe den wahren oder einen scheinbaren Wert der Jodabsorption ergibt, vorausgesetzt, dafs sie zu vergleichbaren, bei Anwendung der gleichen Methode gleichbleibenden Werten führt. Es wird sich daher darum handeln, die Methode der Jodzahlbestimmung derart festzulegen, dafs sie in den Händen verschiedener Analytiker zu vergleichbaren Werten führt.

Bezieht man den anzuwendenden Jodüberschufs auf Prozente der angewendeten Jodmenge, so ergibt sich auf Grund der von verschiedenen Forschern angestellten Versuche die nachstehende Zusammmenstellung:

Fahrion verwendet so viel Jodsublimatlösung, dafs die Gesamtmenge des Jodes etwa viermal so grofs ist als die zur Absorption gelangende Menge des Jodes, also einen Jodüberschufs von 75 $^0/_0$.

Benedikt hält einen Jodüberschufs von 30 $^0/_0$ für hinreichend.

E. Dieterich verwendet so viel Jodsublimatlösung, dafs nach beendeter Einwirkung bei nichttrocknenden Fetten 10—20 cm^3, bei trocknenden Fetten 20—30 cm^3 einer Zehntelnormalthiosulfatlösung zum Zurücktitrieren gebraucht werden oder für 0·3 g eines nichttrocknenden und 0·2 g eines trocknenden Fettes 20 bezw. 30 cm^3 einer Jodsublimatlösung, von welcher 20 cm^3 ungefähr 30—36 cm^3 Zehntelnormalthiosulfatlösung entsprechen. Es ergibt dies nach meiner Berechnung in beiden Fällen ungefähr einen Jodüberschufs von 45 $^0/_0$.[1]

---

[1] Hierbei ist die Einwirkungsdauer der Jodlösung auf das Fett zu 24 Stunden vorausgesetzt. Vergl. später Seite 23.

Holde verwendet für 0.2 g eines trocknenden Öles 60 cm³ einer höchstens 8 Tage alten Jodlösung. Es entspricht dies rechnungsmäfsig ebenfalls ungefähr einem Jodüberschusse von 75 %.

Zur Feststellung des Jodüberschusses führt Holde[1] die folgenden Versuche an:

Art und No. des Öles Datum der Versuche	Zugesetzte cm³ Jodsublimatlösung	Jodüberschufs in % der angew. Jodmenge	Jodzahl
Leinöl I schwächere Jodlösung, Gemisch von alter und frischer Jodlösung 1. Juli 1892	30 40 50 60 70 80	50 58 65 70 76 78.1	158·8 164·8 169·4 172·1 173·0 173·1
18. Juli 1892 Leinöl I frische Jodlösung 4. Juli 1892	30 40 60 70 80	58 66 78 81 83	167·2 171·2 175·1 175·1 174·4
Leinöl I frische Jodlösung 7. Juli 1892	50 60 70 80	75 77 78 81	(173·7) 174·8 175·7 175·3
Mohnöl I frische Jodlösung 18. Juli 1892	20 25 40	50 60 74	136·5 135·3 136·2
Mohnöl I frische Jodlösung 4. Juli 1892	30 40 50 60	68 74 80 84	136·3 135·5 135·8 136·3
Rüböl I 15. Juli 1892	11 20 35 45 55	44 57 78 82 84	97·6 98·8 99·7 100·3 100·3
Rüböl I 12. Juli 1892	20 25 35 40	59 65 75 79	98·5 98·6 100·1 100·3

[1] Ch. Ztg. 1892 **pag. 1176.**

Amthor und Zink erhielten bei nichttrocknenden Fetten die gleichen Resultate auch bei einem innerhalb der Grenzen von 21·2—84 % schwankenden Jodüberschusse.

Im Anschlusse hieran seien auch die Beobachtungen des Verfassers über diesen Gegenstand in Form einer Tabelle gegeben:

Bezeichnung	Abgewogene Ölmenge in g	Zugesetzte Jodlösung in cm³	Alter der Jodlösung	Einwirkungsdauer in Stunden	Endtiter der Jodlösung in cm³ Na$_2$S$_2$O$_3$	Zurücktitr. cm³ Na$_2$S$_2$O$_3$	Jodübersch. in % der angew. Jodmenge	Jodzahl
Leinöl kalt gepreßt, Ölfabr. Pummerer in Wels	0·1983		2 Tage		45.45	15·95	35·09	178·97
	0·1614		2 „		47·7	23·7	49·69	178·88
	0·1093		4 „		41·2	24·95	60·56	178·87
Leinöl warm gepreßt Ölfabrik Pummerer in Wels	0·1654	Fünfundzwanzig Kubikcentimeter	24 Std.	Vierundzwanzig Stunden	49·4	25·6	51·82	173·10
	0·1821		24 „		49·4	23·2	46·96	173·09
	0·1423		54 „		49·1	28·55	58·14	173·74
	0·1496		54 „		49·1	27·5	56·00	173·70
	0·1551		98 „		48·25	25·8	53·47	174·13
	0·1633		98 „		48·25	24·65	51·09	173·86
	0·1478		169 „		47·45	26·05	54·90	174·19
Leinöl kalt gepreßt, aus orig. russisch. Pernaer Saat der K. K. Samenkontrollstation	0·1720		24 „		42·2	20·05	47·51	151·5
	0·1628		24 „		42·2	21·30	50·47	151·0

Wie sich hieraus entnehmen läßt, stimmen die Resultate gut mit jenen E. Dieterichs überein. Die Methode der Jodzahlbestimmung nach E. Dieterich wurde unter anderem auch in der Jahresversammlung des Vereins schweizerischer analytischer Chemiker in Zürich (7. und 8. September 1894) zur allgemeinen Anwendung empfohlen.

E. Dieterich weist darauf hin, daß ein zu großer Überschuß an Jodsublimatlösung insofern einen Nachteil bringe, als die Fehler infolge Veränderlichkeit des Titers um so größer werden müssen, je größer die angewendete Menge der Jodsublimatlösung ist. Auch ist es für die praktische Durchführung der Jodzahlbestimmung vom pekuniären Standpunkte nicht unwesentlich, den Verbrauch an Jodsublimatlösung auf das notwendigste zu beschränken.

Die Veränderlichkeit des Titers ist auch hier bei Bemessung des Jodüberschusses ein in Rechnung zu ziehender Faktor. Alte Jodsublimatlösung wirkt minder energisch auf Fette ein als frische und kann unter Umständen an wirksamem Jode zu wenig enthalten, um bei der üblichen Anwendung von 25—35 cm³ der Lösung den erforderlichen Jodüberschuſs zu erzielen.

Holde schlug daher vor, bei trocknenden Ölen eine höchstens 8 Tage, bei nichttrocknenden eine höchstens 14 Tage alte Jodsublimatlösung in Verwendung zu nehmen. Fahrion vermeidet die allzu rasche Abnahme der Jodsublimatlösung an wirksamem Jod dadurch, daſs er dieselbe nicht in gröſserer Menge herstellt, sondern alkoholische Jodlösung und alkoholische Sublimatlösung getrennt vorrätig hält und erst beim Gebrauche die erforderliche Menge der beiden Lösungen mischt. Zwar findet auch bei getrennter Aufbewahrung der beiden Lösungen eine Abnahme des Titers statt, jedoch ist dieselbe bei weitem nicht so groſs wie in fertiger Jodsublimatlösung. Fahrion gibt hierüber folgende Daten:

Mischung von 10 cm³ alkoholischer Jodlösung und 10 cm³
alkoholischer Sublimatlösung

	Jodgehalt	Abnahme in %
unmittelbar nach der Bereitung	0·5068	—
nach 8 Tagen	0·4882	3·7
„ 14 „	0·4782	5·6
„ 5 Wochen	0·4307	15·0
unmittelbar nach der Bereitung	0·4987	—
nach 8 Tagen	0·4819	3·4
„ 14 „	0·4733	4·3
„ 7 Wochen	0·4397	11.8

Im Vergleiche zu den Seite 15 angeführten Zahlen erscheint die Abnahme des Titers hier viel geringer. Der Vorschlag Fahrions hat wohl allgemein in der Fettanalyse Eingang gefunden, nur ist es vorzuziehen (Benedikt, Holde), die Lösungen nach der Mischung nicht sofort in Gebrauch zu nehmen, sondern noch 2 Tage stehen zu lassen, da innerhalb der ersten 48 Stunden nach der Mischung erfahrungsgemäfs eine raschere Änderung des Gehaltes an wirksamem Jod eintritt. Nach Fahrion sind die derart aufbewahrten Lösungen durch ungefähr zwei Monate gebrauchsfähig.

Aufser der Veränderlichkeit des Titers der Jodsublimatlösung und der Anwendung eines genügenden Jodüberschusses ist für die Anwendung der Methode gleich wichtig und mit diesen beiden Faktoren eng verbunden die

Einwirkungsdauer

der Jodsublimatlösung. Sie wurde von Hübl zu 2 Stunden angenommen, allein später durch Versuche, die v. Hübl und R. Benedikt im Laboratorium der k. k. technischen Hochschule in Wien vornahmen, als unzureichend erkannt und auf 6 Stunden ausgedehnt. Die Aufnahmefähigkeit eines Fettes für Jod wächst naturgemäfs bis zu einer gewissen Grenze mit der Zeit, während welcher das Jod auf das Fett einzuwirken Gelegenheit hat. F. Brüche[1] fand, dafs das Maximum der Jodaufnahme nach 24 Stunden erfolgt sei und dafs bei weiterer Einwirkung der Jodsublimatlösung keine höheren Zahlen erhalten würden. Holde hält bei genügendem Jodüberschufs eine zweistündige Einwirkung für hinreichend. E. Dieterich ist der Ansicht, dafs namentlich Leinöl nur bei 24stündiger Einwirkung brauchbare Jodzahlen finden läfst, während H. Bremer[2] für nichttrocknende Öle eine 2stündige Einwirkung, für trocknende Öle eine 18stündige Einwirkung der Jodsublimatlösung festsetzt. F. Filsinger[3] wendet bei Leinöluntersuchung eine Einwirkung von 18—20 Stunden an u. s. w. Bei der Festsetzung der Einwirkungsdauer hat man sich zwei Punkte hauptsächlich zu vergegenwärtigen:

Ist die Einwirkungsdauer kurz (2 Stunden), dann wird es sich darum handeln, in kurzer Zeit die möglichst vollständige Jodabsorption sich vollziehen zu lassen, man bedarf dann einer wirksamen (frischen) Jodsublimatlösung und hat

---

[1] Apoth.-Ztg. 1890, 5, 493.
[2] Forschungsber. f. Lebensm. 1894, 1, 318 (Ch. Ztg. Rep. 1894 pag. 273).
[3] Ch. Ztg. 1894 pag. 1005.

sein Augenmerk darauf zu richten, einen genügenden Jodüberschufs (75 $^0/_0$ der angewendeten Jodmenge) nach beendeter Einwirkung noch vorzufinden. Ist die Einwirkungsdauer lang (24 Stunden), dann fallen diese beiden Umstände weniger ins Gewicht, hingegen ist dann die Veränderlichkeit des Titers der Jodsublimatlösung mafsgebender. Als dritter und vierter Punkt kommt noch zu erwägen die Zeit, in welcher die Bestimmung der Jodzahl durchgeführt werden kann, und die Kosten des Verfahrens, beide vom Standpunkte des praktischen Analytikers. Auf Grund dieser Erwägungen und der an früherer Stelle angeführten Tatsachen ergibt sich unter Beibehaltung der alkoholischen Jodsublimatlösung die folgende Modifikation des v. Hüblschen Verfahrens.

Man bringt von nichttrocknenden Fetten 0·3 g (7—8 Tropfen), von trocknenden Fetten 0·2 g (5—6 Tropfen) in eine mindestens 500 cm^3 fassende mit gut eingeschliffenem Glasstöpsel versehene Reagensflasche, löst das Fett in 20 cm^3 reinem Chloroform und versetzt mit 25 cm^3 alkoholischer Jodsublimatlösung.

Die alkoholische Jodsublimatlösung bereite man 2 Tage vor der Anwendung durch Vermischen von gleichen Teilen einer alkoholischen Jodlösung (25 g Jod in 500 cm^3 Alkohol von 95 Gew.-$^0/_0$) und einer alkoholischen Sublimatlösung (30 g Sublimat in 500 cm^3 Alkohol von 95 Gew.-$^0/_0$), sie soll nach dem Vermischen in 25 cm^3 einen Halogengehalt von nicht unter 0·5 g zeigen. Man stellt sich von der Mischung so viel her, als man voraussichtlich zur Ausführung der Versuche braucht.

Ist der Zusatz der Jodsublimatlösung erfolgt, dann schwenkt man die Flasche etwas, um die Mischung des Inhaltes zu befördern, verschliefst sie und läfst sie bei Zimmertemperatur und im zerstreuten Tageslicht 24 Stunden stehen.

In zwei andere Flaschen (I und II) bringt man je 20 cm^3 Chloroform und 25 cm^3 der Jodsublimatlösung, eine derselben (II) wird ebenfalls 24 Stunden beiseite gestellt, der Inhalt der anderen (I) mit 20 cm^3

10%iger Jodkaliumlösung und 300 cm³ Wasser verdünnt und mit Natriumthiosulfatlösung titriert (Anfangstiter). Nach 24 Stunden erfolgt in gleicher Weise die Titrierung der Probe und die Titerstellung der Jodsublimatlösung II (Endtiter).

Bei Berechnung der Jodzahl benutze man das arithmetische Mittel aus Anfangs- und Endtiter.

Die Ausführung des Versuches geschieht im übrigen nach den auf Seite 8 bis 13 angegebenen Bedingungen. Es sei schliefslich noch erwähnt, dafs die Bestimmung der Jodzahl eines Fettes sehr genaues analytisches Arbeiten voraussetzt, namentlich exakte Durchführung der Titrierung mit Natriumthiosulfat. Holde[1]) hat darauf hingewiesen, dafs nicht unerhebliche Fehler in der Bestimmung der Jodzahl entstehen können, wenn der Nachlauf der Flüssigkeit in der Bürette bei der Titrierung nicht berücksichtigt wird. Das folgende Beispiel diene zur Erläuterung des Gesagten:

0·1994 g Leinöl wurden mit 25 cm³ Jodlösung (entsprechend 0·57383 g Jod) versetzt, nach beendeter Einwirkung wurden 19·25 cm³ Thiosulfat zum Zurücktitrieren verbraucht, einige Zeit später wurden an der Bürette 19·15 cm³ abgelesen. 1 ccm $Na_2S_2O_3$lösung = 0·01203 g Jod. Für beide Ablesungen berechnen sich die folgenden Jodzahlen:

$$1)\ 19·25 \qquad 19·25 \times 0·01203 = \frac{\begin{array}{r}0·57383\\0·231578\end{array}}{0·342252}$$

$$34·2252 : 0·1994 = 171·64 \text{ Jodzahl.}$$

$$2)\ 19·15 \qquad 19·15 \times 0·01203 = \frac{\begin{array}{r}0·57383\\0·230374\end{array}}{0·343456}$$

$$34·3456 : 0·1994 = 172·24 \text{ Jodzahl.}$$

---

[1]) Ch. Ztg. 1892 pag. 1176.

Modifikationen des v. Hüblschen Verfahrens und neue Methoden.

Die dem v. Hüblschen Verfahren anhaftenden Übelstände, namentlich die Veränderlichkeit der alkoholischen Jodsublimatlösung gaben Veranlassung zu zahlreichen Untersuchungen und Vorschlägen der Abänderung, welche sich in vier Gruppen zusammenfassen lassen. Die erste Gruppe bilden jene Vorschläge, welche unter Beibehaltung der alkoholischen Jodsublimatlösung diese minder veränderlich machen wollen, die zweite Gruppe umfaſst Methoden, bei welchen an Stelle des Alkohols ein anderes Lösungsmittel für Jod und Sublimat angewendet wird, in die dritte Gruppe können jene Methoden zusammengefaſst werden, welche die Jodlösung in ihrer Zusammensetzung durchgreifender ändern, und in die vierte Gruppe gehören jene Versuche, welche einen Ersatz des Jodes durch Brom bezwecken, sie sollen im Anhange dieses Büchleins Erwähnung finden.

I.

Hierher gehören die Untersuchungen und Vorschläge, den Titer der alkoholischen Jodsublimatlösung minder veränderlich zu machen.

Schon früher wurde des Vorschlages von W. Fahrion gedacht, eine alkoholische Jodlösung und eine alkoholische Sublimatlösung getrennt aufzubewahren und nur im Bedarfsfalle die beiden Lösungen zu gleichen Teilen zu mischen. Von den übrigen hierher gehörigen Publikationen ist folgendes zu erwähnen:

R. Bolling[1] findet eine erhöhte Haltbarkeit der v. Hübl-

---

[1] Amer. chem. Journ. 1899, 22, pag. 213.

schen Jodlösung, wenn zu ihrer Bereitung absoluter Alkohol angewendet wurde und die Aufbewahrung der Lösung im Dunkeln geschieht.

M. Kitt[1]) schlägt vor, die Hüblsche Lösung durch Auflösen von 30 g Jod und 25 g Sublimat in je 500 cm^3 95$^0/_0$igem Alkohol herzustellen und die Mischung beider Lösungen 1 Stunde unter Rückflufskühlung zu kochen, sie verliert durch diese Operation anfangs viel wirksames Jod, bleibt jedoch dann weit konstanter als die Hüblsche Jodlösung, wie die folgende Tabelle zeigt:

25 cm^3 der gekochten Jodlösung entsprechend 0·49321 g Jod

nach		Gehalt an Jod	Abnahme in $^0/_0$
23 Std. $=$ 1 Tag		0·49321	—
74 „ $=$ 3 Tagen		0·49321	—
96 „ $=$ 4 „		0·48951	0·75
193 „ $=$ 8 „		0·48581	1·50
289 „ $=$ 12 „		0·47903	2·88
599 „ $=$ 25 „		0·46547	5·62
940 „ $=$ 39 „		0·45315	8·12^2)

In der Praxis scheint die Wallersche Methode gröfsere Verbreitung finden zu wollen. Waller[3]) verwendet zur Herstellung der Jodlösung möglichst wasserfreien Alkohol und setzt derselben Salzsäure zu. Alte Hüblsche Jodlösung enthält infolge der sich in ihr vollziehenden Reaktionen stets freie Säure

$$HgCl_2 + J_2 = HgJ_2 + Cl_2 \quad \text{und} \quad Cl_2 + H_2O = O + 2\,HCl$$
$$HgCl_2 + 2\,J_2 = HgJ_2 + 2\,ClJ \quad \text{und} \quad ClJ + H_2O = HJO + HCl$$

Waller sucht einem Gleichgewichtszustande dieser Reaktionen dadurch näher zu kommen, dafs er den Wassergehalt der Jodsublimatlösung möglichst beschränkt und von vornherein Salzsäure zusetzt. Die Wallersche Lösung bereitet man durch Auflösen von 25 g Jod in 250 cm^3 Alkohol, ferner werden 25 g Sublimat in 200 cm^3 Alkohol gelöst mit 25 g konzentrierter Salzsäure (spez. Gew. 1·19) versetzt und beide

<hr>

1) Ch. Ztg. 1901 pag. 540.
2) Die Jodlösung ist zur Zeit noch nicht an Fetten erprobt.
3) Chem. Ztg. 1895 pag. 1786 u. 1831.

Lösungen vereinigt mit Alkohol auf 500 cm³ gebracht. 10 cm³ dieser Lösung zeigen einen Gehalt an freier Säure von etwa 5·2 cm³ Normalnatronlauge, welcher mit zunehmendem Alter der Lösung nur wenig steigt. Nach den Angaben Wallers ist die Abnahme des Titers der Jodlösung in der folgenden Tabelle berechnet:

	Jodgehalt pro 10 cm³	Abnahme in %
nach 1 Stunde	0·4931	—
„ 5 Tagen	0·4918	0·26
„ 20 „	0·4850	1·64
„ 64 „	0·4660	5·50

Die Wallersche Modifikation des Verfahrens von Hübl scheint sich in der Praxis zu bewähren, sie liefert nach den Untersuchungen von K. Dieterich[1] und F. Ulzer[2] brauchbare Zahlen. Henriques[3] empfiehlt bei Benutzung der Wallerschen Lösung das zu untersuchende Fett in einer gröfseren Menge Chloroform aufzulösen, um das Ausfallen der Chlorjodadditionsprodukte zu verhindern.

Schliefslich sei hier noch das Verfahren von H. Schweizer und E. Lungwitz[4] erwähnt. Schweizer und Lungwitz behalten die alkoholische Jodsublimatlösung Hübls bei, suchen jedoch die Jodzahl nur auf die vom Fette absorbierte Jodmenge zu beschränken und bei der Berechnung jene Jodmenge auszuschliefsen, die durch Substitution verbraucht wurde. Die so bestimmte Jodzahl nennen sie „korrekte Jodzahl“. Das Verfahren gründet sich auf der Tatsache, dafs bei einer Substitution des Fettes durch Halogen sich eine der eingetretenen Halogenmenge äquivalente Menge Halogenwasserstoff bildet. Der entstandene Halogenwasserstoff wird mit einer Lösung von Jodkalium und jodsaurem Kalium in Reaktion gebracht und scheidet aus dieser Lösung eben so viel Jod aus, als in das Fett substituiert wurde:

$$5\,KJ + KJO_3 + 6\,HCl = 6\,KCl + 3\,H_2O + 6\,J.$$

[1] Pharm. Ztg. 1896, 41 pag. 772.
[2] Ch. Ztg. 1898 pag. 452.
[3] Chem. Revue 1898 pag. 43.
[4] Journ. chem. Ind. 1895, 14, 130 (Ch. Ztg. Rep. 1896, 22 u. Ztschr. f. angew. Chem. 1895 pag. 245).

1 Molekül HCl scheidet somit 1 Atom Jod aus. Die gleiche Menge wurde auch substituiert

$$XH + ClJ = XJ + HCl;$$

auch hier entspricht 1 Mol. HCl einem Atom Jod.

Die Ausführung des Verfahrens geschieht genau wie beim v. Hüblschen Verfahren, nur wird nach dem Titrieren mit Thiosulfat die Flüssigkeit mit 5 cm³ einer Lösung von 100 g Jodkalium und 25·8 jodsaurem Kalium in 1 l Wasser versetzt. Es erfolgt neuerdings Jodabscheidung, welche wieder mit Thiosulfatlösung gemessen wird. In gleicher Weise verfährt man bei Bestimmung des Titers der Jodsublimatlösung. Das folgende Beispiel diene zur Erläuterung:

I. 0·2285 g Leinöl wurden, mit 25 cm³ alkoholischer Jodsublimatlösung versetzt, nach 24 Stunden titriert;

II. 25 cm³ alkoholische Jodsublimatlösung unter denselben Bedingungen titriert;

es wurden verbraucht für

I. 12·0 cm³ Thiosulfatlösung = 0·14436 g Jod⎱ A
II. 45·45 „ „ = 0·54675 g „ ⎰

nach beendeter Titration wurden beide Proben mit je 5 cm³ Kaliumjodidjodatlösung versetzt und das ausgeschiedene Jod neuerdings titriert, hierbei wurden verbraucht für

I. 3·05 cm³ Thiosulfatlösung = 0·03669 g Jod⎱ B.
II. 2·25 „ „ = 0·02707 „ „ ⎰

Nach A wurden vom Öle 0·40239 g Jod aufgenommen und hierbei eine 0.00962 g Jod (B) entsprechende Menge freie Säure gebildet, dieselbe Menge Jod wurde substituiert, es bleibt somit für die Addition 0·40239 — 0·00962 = 0·39277 g Jod entsprechend der „korrekten Jodzahl" 39·277 : 0·2285 = 171·9, während die Hüblsche Jodzahl 40·239 : 0·2285 = 176·1 betragen würde.

II.

An der Veränderlichkeit der alkoholischen Jodsublimatlösung ist der Alkohol in nicht geringem Maße beteiligt, weshalb viele Versuche unternommen wurden, den Alkohol durch ein anderes Lösungsmittel zu ersetzen, welches der Einwirkung von Halogen minder zugänglich ist.

W. Fahrion[1]) und später A. H. Gill und W. O. Adams[2]) schlugen vor, an Stelle des Alkohols Methylalkohol zur Bereitung der Jodsublimatlösung zu verwenden.

Gill und Adams bereiten die Jodsublimatlösung, indem sie 30 g Sublimat und 25 g Jod in 1 Liter reinem Methylalkohol lösen. Die mit dieser Lösung bestimmten Jodzahlen sollen nach ihren Angaben durchschnittlich um 11 Einheiten niedriger ausfallen als die Jodzahlen nach v. Hübl.

F. Gantter[3]) verwendet als Lösungsmittel Tetrachlorkohlenstoff. Er löst 10 g Jod in 1000 cm³ Tetrachlorkohlenstoff, ferner 5 g Sublimat in möglichst wenig absolutem Alkohol und bringt die Sublimatlösung durch Zusatz von Tetrachlorkohlenstoff auf 100 cm³. Zur Ausführung des Versuches verwendet Gantter 25 cm³ der Jodlösung und 10 cm³ der Sublimatlösung. Der Titer dieser Mischung ist nach 24 Stunden unverändert. Gantter bekommt konstante Zahlen bei einer Einwirkungsdauer von 50—60 Stunden und wenn die zugesetzte Jodmenge das 4—5fache der angewendeten Fettmenge beträgt.[4]) Die Anwendung des Chloroforms als Lösungsmittel für das Fett entfällt hier, da Tetrachlorkohlenstoff die Fette löst. E. Dieterich[5]) und D. Holde[6]) finden das Ganttersche Verfahren unbrauchbar, ebenso P. C. Mc. Ilhiney,[7]) welcher die durch v. Hübl und andere Forscher[8]) wiederholt erwiesene Tatsache neuerdings bestätigt, daſs Jodlösung allein nicht genüge, um zu brauchbaren Zahlen zu gelangen.

P. Welmans[9]) schlägt vor, an Stelle des Alkohols Äther

---

[1]) Chem. Ztg. 1893, 1100.
[2]) Journ. amer. chem. soc. 1900 pag. 12.
[3]) Ztschr. f. analyt. Chem. 1893, 23 pag. 179.
[4]) Auch ohne Zusatz von Sublimat.
[5]) Helfenb. Annal. 1892 (Ch. Ztg. Rep. 1893 pag. 203).
[6]) Chem. Ztg. 1895 pag. 574.
[7]) Journ. amer. chem. soc. 1894, 16 pag. 372.
[8]) Schlagdenhauffen und Braun, Journ. Pharm. Chim. 1891, 23 pag. 493; Holde, Mittlg. aus d. kgl. techn. Vers. zu Berlin 1891, 9 pag. 81; Schweizer u. Lungwitz, loc. cit.
[9]) Pharm. Ztg. 1893 pag. 220, Ztschr. öff. Chem. 1900 pag. 86.

oder Essigäther oder eine Mischung eines der beiden Äther mit Essigsäure anzuwenden, und gibt folgende Vorschrift zur Bereitung der Jodsublimatlösung. 30 g Jod und 30 g Sublimat werden in einem Literkolben in 500 cm³ Eisessig gelöst und nach erfolgter Lösung mit Essigäther auf 1000 cm³ aufgefüllt. Die Bestimmung der Jodzahl erfolgt sonst wie beim Hüblschen Verfahren. Welmans gibt die Abnahme einer derartig bereiteten Jodlösung an Jod zu $10\,^0/_0$ per Jahr an, während der Jodverlust einer mit Äther (statt Essigäther) bereiteten Lösung von ihm zu $12\cdot8\,^0/_0$ gefunden wurde; demgegenüber bestimmte er die Abnahme einer nach Wallers Vorschrift bereiteten Jodsublimatlösung zu $22\,^0/_0$ in $^3/_4$ Jahren. E. Dieterich[1]) findet auch die nach Welmans erhaltenen Jodzahlen nicht brauchbar.

Anschliefsend hieran sei noch erwähnt, dafs viele Versuche[2]) unternommen wurden, das Sublimat der Hüblschen Lösung zu entfernen oder durch andere Metallchloride oder Bromide zu ersetzen, die an Stelle des Sublimates als Halogenüberträger wirken sollten. So verwendet Saytzeff an Stelle des Sublimates Quecksilberbromid, welches minder energisch wirkt und daher auch die Veränderlichkeit des Titers in günstigem Sinne beeinflufst, Schweizer und Lungwitz versuchten jedoch ohne Erfolg $CoCl_2$, $NiCl_2$ etc. in organischen Lösungsmitteln, wie Schwefelkohlenstoff und Tetrachlorkohlenstoff, anzuwenden.

III.

Durchgreifende Änderungen in der Zusammensetzung der Jodlösung konnten erst vorgenommen werden, nachdem die bei der Bestimmung der Jodzahl sich vollziehenden chemischen Reaktionen der Aufklärung nähergerückt waren. Die Versuche hierüber sind neueren Datums. Durch die Arbeiten von Waller, Schweizer u. Lungwitz, Wijs, Ephraim u. a. erscheint es festgestellt, dafs nicht das Jod selbst der wirksame Bestandteil der Hüblschen Jodlösung ist, sondern intermediär entstehendes Chlorjod und unterjodige Säure. Dem-

---

[1]) Helfenb. Annal. 1892 (Ch. Ztg. Rep. 1893 pag. 203).
[2]) Vergl. Anmerkung 8 auf nebenstehender Seite 30.

gemäfs verwendet J. Ephraim[1]) eine Lösung von Jodmonochlorid in Alkohol. Man erhält dieselbe in brauchbarer Form, indem man in eine zehntelnormal alkoholische Jodlösung Chlor einleitet, bis der Titer sich verdoppelt hat. Eine derartige Lösung enthält $12{\cdot}7 + 3{\cdot}5 = 16{\cdot}2$ g Jodmonochlorid im Liter, sie besitzt neben vielen Vorzügen jedoch denselben Übelstand der Veränderlichkeit des Titers wie die alkoholische Jodsublimatlösung v. Hübls.

J. J. A. Wijs[2]) stellt eine Lösung von Chlorjod in Essigsäure her, auch Lewkowitsch und Marshall[3]) glauben eine Lösung von Chlorjod in Essigsäure (Tetrachlorkohlenstoff) empfehlen zu sollen. Die Wijssche Chlorjodlösung wird nach folgender Vorschrift bereitet.

13 g Jod werden in 1 Liter $95\,^0/_0$iger Essigsäure[4]) gelöst und der Titer dieser Lösung mittels Thiosulfat festgestellt, dann leitet man Chlorgas durch die Lösung, bis der Titer derselben sich verdoppelt hat.

Wijs gibt für die Haltbarkeit dieser Lösung die folgenden Zahlen:

$25\ \mathrm{cm}^3$ der Chlorjodlösung erforderten

nach der Bereitung	$56{\cdot}46\ \mathrm{cm}^3$ Thiosulfatlösung	
„ 4 mal 24 Stunden	$56{\cdot}28$ „	„
„ weiteren 24 Stunden	$56{\cdot}27$ „	„

Wijs findet die nach seiner Methode bestimmten Jodzahlen mit den v. Hüblschen Zahlen übereinstimmend bei einem Jodüberschufs von $75\,^0/_0$ und einer Einwirkungsdauer von 15 Minuten für nichttrocknende Fette und 1 Stunde für trocknende Fette.

Die Wijssche Chlorjodlösung ist ohne Zweifel die beständigste aller bisher zur Bestimmung der Jodzahl vor-

---

[1]) Ztschr. f. angew. Chemie 1895 pag. 254.

[2]) Ber. d. D. chem. Ges. 1898, 31, 750; Ztschr. anal. Chemie 1898, 37, 277; Chem. Rev. 1898, 5, 137 und 1899, 6, 5; Ztschr. angew. Chem. 1898, 291.

[3]) Lewkowitsch, Ch. Ztg. 1900 pag. 846 Rep. 1899; Marshall, Ch. Ztg. 1900 pag. 267.

[4]) Lewkowitsch (The analyst 1899, 24, 257) empfiehlt, die zu verwendende Essigsäure vorher mit Kaliumpermanganat auf reduzierende Verunreinigungen zu prüfen.

geschlagenen Jodlösungen,[1]) sie bietet auch bezüglich ihrer leichten Herstellbarkeit und Anwendbarkeit viele Vorzüge gegenüber der alkoholischen Jodsublimatlösung.

Ihrer allgemeinen Anwendung scheint jedoch ihre grofse Reaktionsfähigkeit im Wege zu stehen, schon nach kurzer Zeit, nach etwa 10 Minuten der Einwirkung, hat das Fett fast alles Jod addiert, welches es aufzunehmen vermag, [und bei längerer Einwirkung findet man Zahlen, welche die v. Hüblschen Jodzahlen übersteigen. Wie sehr die Resultate namentlich bei trocknenden Ölen von der Einwirkungsdauer der Wijsschen Chlorjodlösung abhängig sind, zeigen die nachstehenden Versuche[1]) an einem reinen Leinöle:

Abgewogene Ölmenge	Zugesetzt cm³ Jodlösung	Dauer der Einwirkung in Min.	Titer der Jodlösung 1 cm³ = g Jod	Zugesetzte Jodmenge in g	Zurücktitr. Jodmenge in g	Angewendeter Jodüberschufs	Jodzahl
0·1534	25·5	18	0·034213	0·87243	0·61884	70·93 %₀	165·3
0·1510	24·5	26	0·034213	0·83822	0·58414	69·68 %₀	168·3
0·1579	16·5	18	0·034297	0·56590	0·30707	54·26 %₀	163·9
0·1581	16·5	10	0·034297	0·56590	0·30707	54·26 %₀	163·7
0·1619	16·5	45	0·034297	0·56590	0·29236	51·66 %₀	169·0
0·1599	16·5	60	0·034297	0·56590	0·29872	52 78 %₀	167·1

Die Hüblsche Jodzahl desselben Leinöles wurde zu 151·5 und 150·0 gefunden, also gegenüber der Wijsschen Jodzahl um nahezu 15 Einheiten niedriger. Ähnliche Erfahrungen bezüglich der Wijsschen Methode liegen auch von H. Kreis[1]) vor. Auch Kreis findet die Jodzahlen nach Wijs durchschnittlich höher als die Hüblschen Zahlen, wie die folgende Tabelle zeigt:

		Jodzahl nach Hübl	Jodzahl nach Wijs	Differenz
Kokosfett	1	7·1	7·9	0·8
„	2	9·0	9·3	0·3
Schweinefett	1	64·8	66·6	1·8
„	2	69·2	69·7	0·5
„	3	56·7	57·2	0·5

[1]) M. Kitt, Ch. Ztg. 1901 pag. 540.
[2]) Schweiz. Wochenschr. f. Chem. u. Pharm. 1901, 215 (Chem. Rev. 1901 pag. 125).

		Jodzahl nach Hübl	Jodzahl nach Wijs	Differenz
Olivenöl	1	79·4	79·8	0·4
„	2	84·0	84·4	0·4
„	3	84·0	85·2	1·2
„	4	83·3	85·1	1·8
„	5	84·5	86·9	2·4
„	6	85·2	87·4	2·2
„	7	86·5	87·6	1·1
„	8	86·1	88·6	2·5
Sesamöl	1	100·6	101·4	0·8
„	2	101·9	103·0	1.1
„	3	106·3	111·2	4·9
„	4	106·8	109·3	2·5
Gänsefett		69·9	77·1	7·2
Leinöl		176·0	180·5	4·5

Jedenfalls liegt bislang noch zu wenig analytisches Material vor, um die Wijssche Methode gegenüber dem erprobten Hüblschen Verfahren mit Erfolg in der Praxis anwenden zu können.

Auch C. Aschmann[1]) verwendet an Stelle der alkoholischen Jodsublimatlösung eine Chlorjodlösung von konstanterem Titer. Aschmann löst 30 g reines Jodkalium in 100 cm³ Wasser und leitet in die Lösung Chlor ein, bis sich das ausgeschiedene Jod wieder als Chlorjod gelöst hat. Nach 5- bis 6stündigem Stehen scheiden sich Kristalle von saurem jodsaurem Kalium ab. Die Flüssigkeit wird von den Kristallen abgegossen und auf 1000 cm³ gebracht. Man stellt die Lösung so ein, dafs 10 cm³ derselben genau 40 cm³ Zehntelnormalthiosulfatlösung entsprechen. Aschmann bezieht die Jodzahl auf das angewendete Fettvolumen. In einem Jahresberichte über die Fortschritte auf dem Gebiete der Fettanalyse unterzieht F. Ulzer[2]) das Aschmannsche Verfahren einer abfälligen Kritik.

J. Bellier[3]) ersetzt das Jod teilweise durch Brom. Die

---

1) Chem. Ztg. 1898 pag. 59 u. 71.
2) Chem. Ztg. 1899 pag. 700.
3) Chem. Ztg. Rep. 1900 pag. 147, Ann. chim. anal. 1900, 5, pag. 128.

Lösung wird nach folgender Vorschrift bereitet: man löst entweder 50 g Jod und 32 g Brom oder 33·5 g Jod und 42·2 g Brom in etwa 950 cm³ Eisessig und bringt in der Flüssigkeit ca. 95 g Sublimat zur Lösung. Die Lösung ist nach zwei Tagen gebrauchsfertig und wird mit Essigsäure derart verdünnt, dafs 1 cm³ ungefähr 0·1 g Jod entspricht und 5 cm³ zur Entfärbung etwa 39·4 cm³ Zehntelnormal-thiosulfatlösung bedürfen. Zum Auflösen der Fette verwendet Bellier nicht reines Chloroform, sondern eine mit Sublimat gesättigte Mischung von 500 cm³ Eisessig und 500 cm³ Chloro-form. 1 g Fett wird in 20 cm³ dieser Mischung gelöst mit 10 cm³ 10⁰/₀iger Jodkaliumlösung versetzt und soviel der Bromjodlösung zugefügt, dafs die Flüssigkeit nach fünf Minuten noch deutlich gelbrot gefärbt erscheint. Nach vollzogener Einwirkung wird mit Zehntelnormalthiosulfatlösung zurück-titriert.

J. Hanuš[1]) verwendet an Stelle des von J. Ephraim und J. Wijs vorgeschlagenen Jodmonochlorides eine Lösung von Jodmonobromid in Eisessig. Zur Darstellung des Jod-monobromides werden 20 g fein zerriebenes Jod unter Ab-kühlung auf etwa 5—8⁰ mit 13 g Brom versetzt, welches man unter tüchtigem Umrühren aus einem Scheidetrichter auf das Jodpulver tropfen läfst. Nach beendeter Einwirkung (etwa 10 Min.) wird das überschüssige Brom durch einen Strom trockener Kohlensäure aus dem Gefäfse, in welchem die Reaktion vorgenommen wurde, verdrängt und das Jod-monobromid in einer Glasflasche mit eingeschliffenem Stöpsel aufbewahrt. Es bildet eine dem Jod ähnliche graue kristal-linische Substanz, welche in gut verschlossenen Gefäfsen halt-bar ist. Zur Herstellung der Jodmonobromidlösung verwendet Hanuš 10 g des Bromides, welche er in einer Reibschale in 500 cm³ Eisessig zur Lösung bringt. Die Ausführung der Bestimmung erfolgt bei festen Fetten mit 0·6—0·7 g, bei nichttrocknenden Ölen (Ölen, deren Jodzahl unter 120) mit 0·2—0·25 g und bei trocknenden Ölen mit 0·1—0·15 g, welche mit 10 cm³ Chloroform und 25 cm³ der Jodlösung versetzt werden. Die Einwirkungsdauer beträgt bei öfterem Durch-

---

[1]) Ztschr. f. d. Unters. d. Nahrungs- u. Genufsmittel 1901 pag. 913.

3*

schütteln $^1/_4$ Stunde, das Zurücktitrieren des Halogenüberschusses nach Zusatz von 15 cm³ Jodkaliumlösung mittels Natriumthiosulfat. Zur Erzielung verläfslicher Resultate soll nach Hanuš bei nichttrocknenden Ölen nach vollzogener Einwirkung der Jodüberschufs 80 °/₀ der angewendeten Jodlösung, bei trocknenden Ölen 100 °/₀ betragen. Für die Haltbarkeit der Bromjodlösung gibt Hanuš die nachstehenden Daten:

Abnahme des Titers nach 1—2 Wochen 2·4—3·3 °/₀
„   „   „   „   4 Monaten   10 °/₀.

C. A. Jungclaufsen[1] hat die Methode überprüft und bezüglich der Darstellung des Bromides und der Lösung einige Behelfe angegeben. Er findet die Resultate zufriedenstellend.

Zur Bestimmung der Jodzahl wurde das Hüblsche Verfahren in einigen speziellen Fällen modifiziert.

So bestimmt O. Bach[2] die Jodzahl säurehaltiger Öle erst nach vorhergegangener Neutralisation durch Natriumkarbonat. Für einige von ihm untersuchte Öle gibt Bach folgende Daten:

Name des Öles	Säuregehalt	Jodzahl	Jodzahl nach der Neutralisation
Denatur. Olivenöl	46° Burst	86	82·8
„ „	20° „	86·7	84·0
„ „	13·5° „	82	83·3
Sesamöl	81·3° „	116·8	106·2
Rüböl	6·3° „	98·4	98·5

Die Bestimmung der Jodzahl der Fettsäuren wurde von J. Muter und L. de Koningh[3] abgeändert. Die aus den Fetten durch Verseifen und Zersetzung der Seifenlösung mit Säuren gewonnenen Fettsäuren bestehen aus flüssigen und festen Fettsäuren. Die festen Fettsäuren (Palmitinsäure, Stearinsäure) absorbieren kein Jod und verringern durch ihre Anwesenheit in dem Fettsäuregemisch die Jodzahl. Da in den Ölen die Menge der festen Fettsäuren eine wechselnde ist,

---

[1] Apoth.-Ztg. 1901 pag. 798 (Chem. Rev. 1901, 12, 254.)
[2] Chem. Ztg. 1891 pag. 1023.
[3] The Analyst 1889, 14, 61—65.

bestimmen Muter und de Koningh nur die Jodzahl der
flüssigen Fettsäuren, welche sie aus den „Gesamtfettsäuren“
mit Hilfe der Bleiseifen abscheiden. Zu diesem Zwecke wird
das Fett mit alkoholischer Kalilauge verseift und die neu-
tralisierte Seifenlösung[1]) langsam und unter Umrühren in
eine in einer Schale zum Sieden erhitzte Bleiacetatlösung
(200 cm^3 Wasser und 30 cm^3 10 $^0/_0$-Bleiacetatlösung) ein-
gegossen. Man läfst langsam erkalten und extrahiert die Bleiseifen mit Äther.[2]) Das Verfahren wurde durch F. Wallen-
stein und H. Fink[3]), sowie durch M. Tortelli und
R. Ruggeri[4]) ausgebaut.

Tortelli und Ruggeri verwenden etwa 20 g Fett,
welches durch alkoholische Kalilauge verseift wird. Die aus
dieser Seifenlösung hergestellten Bleiseifen werden gewaschen
und in einem Destillierkolben mit 220 cm^3 Äther durch
20 Minuten erwärmt. Der Kolben wird hierauf in Wasser
und Eis gestellt und 2 Stunden auf einer Temperatur von
8—10^0 gehalten. Die ätherische Lösung wird dann durch
ein Faltenfilter in einen enghalsigen 200 cm^3 Kolben abfiltriert,
der Kolben mit Äther vollständig aufgefüllt, verschlossen und
über Nacht in fliefsendem Wasser stehen gelassen. Am folgenden Tage wird die ätherische Lösung im Scheidetrichter
mit Salzsäure zersetzt und gewaschen. Man dampft nun die
Lösung der flüssigen Fettsäuren in Äther ab, bis ihr Volumen
etwa 40—50 cm^3 beträgt, und giefst sie in ein trockenes
100 cm^3 Kölbchen, wobei man darauf achtet, dafs beim Um-
giefsen der ätherischen Lösung die am Boden des 200 cm^3
Kolbens sich befindenden Wassertropfen nicht mit überfüllt
werden. Das 100 cm^3 Kölbchen wird nun in ein Wasserbad
vollständig bis zum Hals eingetaucht und das Wasser im
Wasserbad bis zum Sieden erhitzt. Man leitet durch die

---

[1]) Raumer (Ztschr. f. angew. Chem. 1897, 210) verjagt vorher den
Alkohol durch Kochen.

[2]) A. Bömer (Ztschr. f. d. Unters. v. Nahrungs- u. Genufsmitteln
1898, 1, 534) schlägt vor, zur Trennung der Fettsäuren die Zinkseifen zu
benutzen.

[3]) Chem. Ztg. 1894 pag. 1190.

[4]) Ztschr. f. d. Unters. v. Nahrungs- u. Genufsmitteln 1901 pag. 454.

Fettsäuren hierbei einen gereinigten Kohlensäurestrom durch und umgibt den Hals des Kölbchens mit einer Kautschukplatte, damit sich im inneren des Halses kein Wasserdampf niederschlägt. 10—15 Tropfen der auf diese Art gewonnenen Fettsäuren, 0·2—0·28 g, werden zur Bestimmung der „absoluten inneren Jodzahl" verwendet.

II. Teil.

Die Jodzahlen der Fette, Öle und Wachsarten.

Tabellarische Übersicht über die Jodzahlen in alphabetischer Ordnung.

Name des Fettes	Jodzahl	Jodzahl der Fettsäuren	Bemerkungen	Literaturnachweis
Adikafett s. Dikafett				
Akeeöl	49·1	58·4	Samen v. Blighia sapida	Holmes u. Garsed, Apoth. Ztg. 1901, 59; Chem. Rev. 1901.
Aprikosenkernöl	102 99·8 99·1 101 100 108·1 100—108·67 107·8—108·93	 102·6 99·06—99·82 96·64—97·90	von J. Stettner, Triest aus der k. k. Hofapoth. Wien, frisch geprefst in Wien geprefst frisches Öl Jodzahl Hübl-Waller	v. Hübl, Dingl. polyt. Journ. 253 pag. 281. desgl. desgl. De Negri u. Fabris, B.-U. pag. 462. Girard, B.-U. pag. 462. C. Micko, Ztschr. österr. Apoth. V. 1893 pag. 175. K. Dieterich, Ch. Rev. 1901 pag. 210.
Aixeröl = Olivenöl				
Arachisöl	101 105 91·2—101·5 94—96 85·6 87·3 95·0 87·3—90 96·7—98·7 98—103 92—101 92—101 92—102 87—101 98·9	 96—97 96·5—103·4 128·5	von J. Stettner, Triest aus dem Wiener Handel amerikanisches Jodzahl der flüssigen Fettsäuren	v. Hübl, loc. cit. desgl. Holde, Mittlg. d. kgl. Vers. Berlin 1891 pag. 81. W. Thörner, Chem. Ztg. 1894 pag. 1154. Sadtler, Am. Drugg.-Pharm. durch Chem. Rev. 1897, 31. Moore, B.-U. pag. 477. Erban, desgl. Dieterich, desgl. Filsinger, desgl. Peters, desgl. De Negri u. Fabris, B.-U. pag. 477. Benedikt u. Wolfbauer, desgl. Ulzer, B.-U. pag. 477. Holde, desgl. F. Wallenstein u. H. Fink., Chem. Ztg. 1894 pag. 1190.
Bankulnufsöl	136·3—139·3 163·7			De Negri, Chem. Rev. 1901, 8, 156. J. Lewkowitsch, desgl.

	Jodzahl		Bemerkung	Quelle
	118		v. Aleurites moluccana	B. Lach, Chem. Ztg. 1890 pag. 871.
Bassiaöl	50·1 / 60·4 / 29·9		v. Bassia longifolia / „ latifolia	De Negri u. Fabris, Ztschr. f. analyt. Chem. 1894 pag. 572 u. Pharm. Post 1896 pag. 189. / Becker, Ztschr. öff. Chem. 1897, pag. 545.
Bafswoodöl	111		v. Tilia americana	H. Wiechmann, Amer. Chem. Journ. 17 pag. 305.
Baumwollsamenöl	105		aus Marseille bezogen von J. Stettner, Triest	v. Hübl, loc. cit.
	106			desgl.
	108			desgl.
	108·7			Moore, B.-U. pag. 483.
	102—108·5			Dieterich, desgl.
	106—110			Wilson, desgl.
	106·6—110·8			De Negri u. Fabris, B.-U. pag. 483
	106—111			Benedikt u. Wolfbauer, desgl.
	106—110			Ulzer, desgl.
		110·9—111·4		Morawski u. Demski, desgl.
		115·7		Williams, desgl.
		136	Jodzahl der flüssigen Fettsäuren	Muter u. de Koningh, desgl.
		136·7	desgl.	A. v. Asboth, Chem. Ztg. 1890 pag. 93.
	110—115			Holde, Mittlg. d. kgl. Vers. Berlin 1891 pag. 81.
	99·0			
	103·6		von der holländ.-amerikanischen Rotterdam-Cotton-Oil-Co.	M. Dennstädt und F. Voigtländer, Arbeiten des Kaiserl. Gesundheitsamtes, Chem. Ztg. Rep. 1897 pag. 324.
	103·7			
	107·0			
	110·0			
	112·2			
	107			Lengfeld u. Paparelli, Ch. Ztg. Rep. 1892 p. 132.
	106—107	112—115		W. Thörner, loc. cit.
	108·0	147·5	amerikan. weiß	
	107·8	147·3	nordamerik. gelb	
	106·5	146·8	englisch weiß — Jodzahl der flüssigen Fettsäuren	F. Wallenstein und H. Fink, Chem. Ztg. 1894 pag. 1190.
	108·0	148·2	ägypt. gelb	
	107·7	147·1	deutsches weiß	
	106·8	147·8	peruanisch gelb	
	108·7		Winter-B.	F. Nicola, Giorn. di Farmac. 1901 pag. 97.
	106·3		Sommer-B.	„ Chem. Rev. 1901, 5, 104.
	112—116			A. Shukoff, Chem. Rev. 1901, 12, 250.

Baumöl == Olivenöl

Name des Fettes	Jodzahl	Jodzahl der Fettsäuren	Bemerkungen	Literaturnachweis
Behenöl	80·8—84·1		aus der Bromzahl berechnet	Mills B.-U. pag. 482.
Bicuhybafett = Ucuhubafett				

Bienenwachs	8·2—11
	10—11
	6—7
	7·9—8·9
	8·78—10·7
	8·43—10·46
	4·16—4·37
	3·98—4·19
	8—11
			gelbes B.
			  desgl.
			unt. Zus. v. 3—5 %₀ Talg gebleicht
			englisches gelbes B. Beobacht. an
			11 Proben
			gelbes B.
			  desgl. Methode Waller
			weifses B.
			  desgl. Methode Waller
				A. P. Buisine, Bull. soc. chim. 1900 [3] 3, 567
				  u. 4, 465.
				
				R. G. Guyer, Journ. Pharm. 1897 pag. 308.
				K. Dieterich, Ch. Ztg. 1898 pag. 729.
				            desgl.
				            desgl.
				            desgl.
				Klebler, B.-U. pag. 625.

Bilsenkrautsamenöl	138			A. Mjoën, Arch. Pharm. 1896, 284 pag. 286.
Braunfischtran = Meerschweintran				
Brasilnufsöl	95—106·22	108	von Bertholletia excelsa	G. de Negri, Ztschr. f. analyt. Chem. 1894 pag. 563 u Chem. Ztg. 1898 pag. 961.
Bucheckernöl	104·4 111·2			Girard, B.-U. pag. 481. De Negri u. Fabris, B.-U. pag. 481.

Butter	32·7
	35·1
	31·9
	32·4
	29·4
	31·7
	26·0
	32·8—38
	19·5
	33·32
	33
	32
			Wiener Markt-B.
			  desgl.
			schlesische B.
			  desgl.
			  desgl.
			aus der Wiener Molkerei
			sehr harte B.
			
			sehr alte B.
			Mittel aus 56 Proben (25·7—37.9)
			
			ägypt. „Gamoose“. Sommerware
				v. Hübl, loc. cit.
				      desgl.
				      desgl.
				      desgl.
				      desgl.
				      desgl.
				      desgl.
				Moore, B.-U. pag. 543.
				      desgl.
				„ desgl.
				Wöll, desgl.
				Beckurts u. Seiler, B.-U. pag. 543.
				H D. Richmond, cf. Ch. Ztg. 1891, 1794.

	35 24·2—44·8 28—32 29·36—37 25·4, 37·2 37·8	28—31	Winterware 40 Proben, deren Mittel 33·35 russische B. desgl.	desgl. F. W. Morse, Journ. anal. appl. Ch. 1893, 7, 1. Thörner, loc. cit. C. A. Browne, Journ. am. chem. soc. 1899 pag. 612. P. Levin, Chem. Ztg. 1895 pag. 1832. desgl.
Candlenußöl = Bankulnußöl				
Carapafett	72·1		aus d. Samen v. Carapa guianensis	Hannau, B.-U. pag. 542.
Carnaubawachs	13·5			Lewkowitsch, B.-U. pag. 623.
Celosiaöl	126·3		aus d. Samen v. Celosia cristata	G. de Negri u. G. Fabris, Pharm. Post. 1896, 29, 189.
Chinesischer Talg	28·5—37·74 28·5, 35·5	30·31—39·5 29·6, 38·1	v. Stillingia sebifera; aus 10 untersuchten Proben	G. de Negri u. Sburlati, Ch. Ztg. 1897 pag. 5. Hobein, Forschungsber. Lebensm. 1895 desgl.
Colzaöl = Rüböl				
Cottonöl = Baumwollsamenöl				
Curcasöl	127 100·9			Horn, Ztschr. f. analyt. Chem. 1888 pag. 164. De Negri u. Fabris, B.-U. pag. 497.
Dachsfett	71·3	73		C. Amthor u. J. Zink, Zeitschr. anal. Ch. 1897, 6.
Delphintran	32·8 99·5 57·6—143·1 65—71·6		Blackfish jaw oil „ body oil Muttertier} je nach den versch. Fötus } Körperteilen	R. W. Moore, Journ. amer. chem. soc. 1889,11,155, Ch. Ztg. Rep. 1890 pag. 115. V. Henriques u. C. Hansen, Chem. Ztg. Rep. 1900 pag. 210.
Dikafett	30·9—31·3		a d. Samen v. Mangifera gabonensis	E. Dieterich, Helf. Ann. 1889 pag. 104.
Döglingtran	80·4 82·1	82·2—83·3		Archbutt, B.-U. pag. 522. Thomson u. Ballantyne, B.-U. pag. 522. Lewkowitsch, B.-U. pag. 522.
Dorschlebertran	123—141 147·9 139·6—152·6 158·7—166·6 148			Kremel, Pharm. Centrh. 25 pag. 337. Fahrion, Chem. Ztg. 1893 pag. 684. Dieterich, B.-U. pag. 512. Thomson u. Ballantyne, B.-U. pag. 512. Andreasch, B.-U. pag. 512.

Name des Fettes	Jodzahl	Jodzahl der Fettsäuren	Bemerkungen	Literaturnachweis
Dorschlebertran	153·5—168·4 144—151 123—152 128—130	164·9—170·1 130·5		Parry u. Sage, desgl. Dulière, desgl. Mansfeld, desgl. W. Thörner, loc. cit.
Elaeococcaöl = Holzöl				
Eieröl	72·1	73·7	mit Äther extrahiert	M. Kitt, Ch. Ztg. 1897 pag. 303.
Erdnußöl = Arachisöl				
Firnis	145·1—157·2 149·7—153·4 73·7—101·3 148 130—140 71—159·3	 81·9—158	das hierzu verwendete Leinöl 156 gekochte Leinöle	F. Ulzer, B.-U. pag. 434. E. Wild, desgl. W. Fahrion, desgl. v. Hübl, loc. cit. K. W. Charitschkoff, Trudy bask. otd. Imp. russk. techn. Obsch. 1899, 386, Chem. Rev. 1901, 2, 13. M. Kitt, Chem. Rev. 1901, 3, 41.
Gänsefett	71.5 58·7—66·4 64·7 81·3, 73·7	65·3	 Hautfett	Erban u. Spitzer, B.-U. pag. 613. Rözsényi, Chem. Ztg. 1896 pag. 218. C. Amthor u. J. Zink, Ztschr. anal. Chem. 1897, 10. V. Henriques u. C. Hansen, Ch. Ztg. Rep. 1900, 210.
Galambutter = Sheabutter				
Gartenkressenöl	108—108·8		aus d. Samen v. Lepidium sativum	B.-U. pag. 469.
Hammelklauenöl	74—74·4			Lewkowitsch, B.-U. pag. 505.
Hammeltalg	43—44 38·6 35·2—46·2 34·8—37·7 36 47·3 40·7	34·8 92·7	 ungar. H. J.-Z. d. flüss. Fettsäuren Hautfett Darmfett	W. Thörner, loc. cit. F. Wallenstein u. H. Fink, Chem. Ztg. 1894 p. 1190. Wilson, B.-U. pag. 589. Dieterich, desgl. Beckurts u. Oelze, B.-U. pag. 589. V. Henriques u. C. Hansen, oversigt over Vidensk. Selskabs Forhandl. 1900, 225, Ch. Ztg. Rep. 1900, 210.

Hanföl	143 175—176 157·5 140·5 157—166	141 122·2—125·2	aus Ungarn	v. Hübl, loc. cit. Holde, Mittlg. kgl. Vers. Berlin 1891 pag. 31. Benedikt, B.-U. pag. 437. De Negri u. Fabris, B.-U. pag. 437. Morawski u. Demski, desgl. A. Shukoff, Chem. Rev. 1901, 12, 250.
Hartriegelöl	100·8			De Negri u. Fabris, B.-U. pag. 464.
Haselnufsöl	88 86·3—86·9 83·2 88·5			Girard, B.-U. pag. 491. De Negri u. Fabris, B.-U. pag. 491. Soltsien, Pharm. Ztg. 1893,38, Ch.Ztg.Rep.1893,222. F. Filsinger, Ch. Ztg. 1892 pag. 792.
Hasenfett	81·1—119·1 96·9—102·8 69·6	88·4—97 9 101·1 64·4	 von wilden Kaninchen von zahmen Kaninchen	C. Amthor u. J. Zink, Ztschr. f. analyt. Chem. 1897 pag. 8.
Hederichöl	105		rohes Öl aus Ungarn	v. Hübl, loc. cit.
Hirschtalg	20·5 25·7 26·4 35·0 25·0 32·1	 23·6 28·2 27·8 24·4 27·9	 Edelhirsch Damhirsch Elen Gemse Reh	Beckurts u. Oelze, Arch. Pharm. 1895 pag. 429. C. Amthor u. J. Zink, Ztschr. f. analyt. Chemie 1897 pag. 1.
Höllenöl = Olivenöl				
Holzöl	189 159, 161 163 158·4, 157·5 154·6 165·7	202 159·4 169·5	von Dipterocarpus crispalatus v. Aleurites cordata = Elacococca vernicia	M. Lefeuvre, Corps gras ind. 1900, 27, Ch. Rev. 1901, 72. De Negri u. Sburlati, Monit. scientif. 1897. Zucker, Pharm. Ztg. 1898, 43, 628 durch Chem. Ztg. Rep. 1898, 251. M. Kitt, Chem. Ztg. 1899, 23. desgl. Jenkins, Journ. soc. chem. ind. 1897, 193.
Hühnerfett	58—77·2	64·6		Amthor u. Zink, Ztschr. analyt. Chem. 1897 p. 11.
Hundefett	82·6 81·4 79·7 79·9		Hautfett Nierenfett Darmfett vom Gekröse	V. Henriques u. C. Hansen, loc. cit. desgl. desgl. desgl.

Name des Fettes	Jodzahl	Jodzahl der Fettsäuren	Bemerkungen	Literaturnachweis
Hundefett	79·9 70—78		Herzfett	V. Henriques u. C. Hansen, loc. cit. Bein, Ch. Ztg. 1897 pag. 572.
Illipetalg = Bassiaöl				
Jamboöl	95·2—95·6	96·1—96·2		De Negri u. Fabris, B.-U. pag. 469.
Japanwachs	4·2 7·8—8·8 11·2—15·1 10·6—11·3		7·6 bei gebleichtem J.	v. Hübl, loc. cit. Dieterich. C. Ahrens u. P. Hett, Ztschr. angew. Ch. 1901 p. 684. O. Bernheimer u. F. Schiff, Ch. Ztg. 1901 pag. 1008.
Jungfernöl = Olivenöl				
Kaffeebohnenöl	79—87·34 85—89·8			De Negri u. Fabris, Ztschr. anal. Chemie 1894, 569. Spaeth, B.-U. pag. 494.
Kakaobutter	34 33·4—37·5 33—41 34 37·5 36·5 27·9—37·5 34—38 34—36 34·5—35·6 34 36·62 41·7 39—40	32·6	von J. Stettner, Triest Maximalzahl aus 20 Proben „ nach vorherg. Neutralisatiation mit Na_2CO_3 extrahiert gepreſst gepreſst Bahiakakaofett; eine Sorte Fett der Kakaoschalen	v. Hübl, loc. cit. } F. Filsinger, Chem. Ztg. 1890 pag. 716, Ztschr. { analyt. Ch. 1896, 166, Strohl, ibid. pag. 517. W. Thörner, loc. cit. F. Filsinger, Ch. Ztg. 1895 pag. 578. desgl. E. Dieterich, Helfenb. Ann. 1897, 12, 162. P. Welmans Chem. Rev. 1901 pag. 52. „ desgl. Lewkowitsch, desgl. Mansfeld, B.-U. pag. 531. De Negri u. Fabris, B.-U. pag. 531. Strohl, B.-U. pag. 531. F. Filsinger, Chem. Ztg. 1895 pag. 578.
Kameelfett	38·7 32·6		Hautfett Nierenfett	V. Henriques u. C. Hansen, loc. cit.
Kapoköl	116	108	a. d. Samen v. Bombax pentandrum	Henriques, Chem. Ztg. 1893 pag. 1283.

Kirschkernöl	110 114·30	104·33		G. de Negri u. G. Fabris, Ztschr. anal. Ch. 1894 p. 558. C. Micko, Ztschr. österr. Apoth.-Ver. 1893, 31, 175, Chem. Ztg. Rep. 1893 pag. 78.
Kirschlorbeeröl	108·9	112·1		De Negri u. Fabris, B.-U. pag. 464.
Klauenöl vgl. Hammelklauenöl, Ochsenklauenöl und Pferdefußöl				

Knochenfett	46·3—49 6
	48—55·8
	51·5—55·8
	50·3—57·2
	62·7
	59·1—81·7
		57·4
		55·7—57·3
			rohes Fett
			raffiniertes Fett
			mit Benzin extrahiert
			Kessel- oder Naturware
			aus Pferdeknochen
				Wilson, B.-U. pag. 609.
				Valenta, desgl.
				Morawski u. Demski, B.-U. pag. 609.
				    „ desgl.
				A. A. Troicky, Zap. imp. russk. techn. Obsz.
				    1890, 5, 1, Chem. Ztg. Rep. 1890 pag. 239.
				Holde, Mittlg. kgl. techn. V. Berlin 1891, 9, 81.

Knochenmarkfett	55·4 39·2—50·9 77·6—80·6		des Rindes des Rindes des Pferdes	Lewkowitsch, B.-U. pag. 591. J. Zink, Forschungsber. Lebensm. 1896, 3, 441, Chem. Ztg. Rep. 1897 pag. 46.
Kohlsaatöl = Rüböl				
Kokosöl	8·9 9—9·5 9—9·5 8·4 8·97—9·35 8—8·6 9 8·4—9·2	8·5—9 54·0 8·39—8·79 9·3	Jodzahl d. flüssigen Fettsäuren	v. Hübl, loc. cit. E. Dieterich, Helfenb. Ann. 1889 pag. 104. W. Thörner, loc. cit. F. Wallenstein u. H. Fink, Ch. Ztg. 1894 p. 1190. Wilson, B.-U. pag. 528. De Negri u. Fabris, B.-U. pag. 528. Beckurts u. Seiler, desgl. Ulzer, B.-U. pag. 528. Morawski u. Demski, B.-U. pag. 528. Williams, B.-U. pag. 528.
Krotonöl	101·7—104·7			Lewkowitsch, B.-U. pag. 498.
Kürbiskernöl	121·0 113·4		roh ungar.	v. Hübl, loc. cit. A. Schattenfroh, Ztschr. f. Nahrgsm.-Unters. u. Hyg. 1894, 8, 202, Ch. Ztg. Rep. 1894, 227.
Lallemantiaöl	162·1	166·7		Richter, B.-U. pag. 439.

Name des Fettes	Jodzahl	Jodzahl der Fettsäuren	Bemerkungen	Literaturnachweis
Lanolin	36 21·1 20·2 17·1—28·9 10·6—11·8	17	Wollschweifsfett. Destilliertes Wollfett Wollschweifsfett, südamerikan. „　　　australisch. gereinigtes Wollfett desgl.	v. Hübl, loc. cit. Ulzer u. Seidel, Ztschr. angew. Ch. 1896, 349. desgl. Lewkowitsch, B.-U. pag. 619. Ulzer, B.-U. pag. 619.
Lardöl = Specköl				
Lebertran = Dorschlebertran				
Leichenwachs	14·0—14·2	14·4		L. Schmelck, Chem. Ztg. 1898 pag. 163.
Leindotteröl	132·6 135 2 152—153	136·8		Girard, B.-U. pag. 471. De Negri u. Fabris, Ztschr. anal. Ch. 1894 p. 555. A. Shukoff, Chem. Rev. 1901, 12, 250.
Leinöl	156 157, 159 158 160 172—180 182·4, 182·9 178·1, 181·8 159·2—164·3 175·4, 185·3 180 185 155·2 170—181 148·8—183·4 171—175 172—181 150—180	179—182 159·85	15 Jahre altes Öl Oberösterreich Schlesien Ungarn deutsche Saat indische Saat.　Firnisöl holländisches Öl englisches Öl	v. Hübl, loc. cit. desgl. desgl. desgl. Holde, Mittlg. kgl. techn. Vers. Berlin 1891, 9, 81. F. Filsinger, Chem. Ztg. 1894 pag. 1005. desgl. desgl. desgl. R. Williams, The analyst. 1895, 276.　Ch. Ztg. Rep. 1897 pag. 572. van Ketel u. Antusch, Ztschr. angew. Ch. 1896, 581. Moore, B.-U. pag. 429. Benedikt, desgl. Dieterich, desgl. Lewkowitsch, B.-U. pag. 429. Ulzer, B.-U. pag. 429. De Negri u. Fabris, B.-U. 429. M. Kitt.

	177—178 176 171—179	155·0	amerikanisches Öl	W. Thörner, loc. cit. A. H. Gill u. A. C. Lamb, Journ. amer. chem. Soc. 1899, 21, 29. A. Shukoff, Chem. Rev. 1901, 12, 250.
Leinölfirnis = Firnis				
Lorbeerfett	49 67·8 118·6		von Triest bezogen	v. Hübl, loc. cit. De Negri u. Fabris, Ztschr. f. anal. Ch. 1894, 569. „ Pharm. Post. 1896, 29, 189.
Macassaröl	53 48·3, 69·1	49·7—50·9	55 nach der Methode Wijs	Itallie, B.-U. pag. 541. Wijs, Chem. Rev. 1900, 46.
Madiaöl	117·5—119·5	120·7		De Negri u. Fabris, B.-U. pag. 440.
Mafuratalg	44·85—46·14	46·92—48·19	aus d. Samen v. Mafureira oleifera	De Negri u. Fabris, B.-U. pag. 541.
Mahwabutter = Bassiafett				
Maisöl	116·3 122 119·4—119:9 111·2—112·6 117 121·7—123 122·7 124·5, 147·6 113·3—119·7	140·7 125 113—115 126·4 130·2, 151·4 121	Jodzahl der flüssigen Fettsäuren aus 4 Proben	A. Smetham, Chem. Ztg. 1893, 838 (siehe Reisöl). F. Wallenstein u. H. Fink, Chem. Ztg. 1894, 1190. Spüller, Dinglers polyt. Journ. 264, 626. De Negri u. Fabris, Ztschr. f. anal. Chem. 1894, 565. Hart, Chem. Ztg. 1893, 1522. C. Hopkins, Journ. amer. chem. soc. 1898, 20, 948. Archbutt, Journ. soc. chem. Ind. 1899, 18, 346. G. Morpurgo u. A. Götzl, usterr. Ch. Ztg. 1900, 353. F. Vulté u. W. Gibson, Journ. of the amer. chem. soc. 1900, 453 u. 1901, 1, Chem. Rev. 1901, 1, 14.
Mandelöl	97·5 99·0 98·9 82—83 96·6—99·2 93·0—99·2 93·76—93·92 93—96·5	 87—90 93·5—96·3 93·5—96·3	von süfsen Barimandeln von süfsen Avolamandeln von bitteren Candiamandeln Jodzahl nach Hübl-Waller	v. Hübl, loc. cit. desgl. desgl. W. Thörner, loc. cit. Beringer, B.-U. pag. 458. K. Dieterich, Pharm. Centrh. 1896 No. 46. De Negri u. Fabris, B.-U. pag. 458.
Margarin	55·3		Kunstbutter von Sarg in Liesing bei Wien	v. Hübl, loc. cit.

Name des Fettes	Jodzahl	Jodzahl der Fettsäuren	Bemerkungen	Literaturnachweis
Margarin	48—64 43·8—47 44·0—47·6 50		amerikan. 6 Proben österr.-ungar. 10 Proben	W. Thörner, loc. cit. F. Wallenstein, Chem. Ztg. 1892 pag. 883. desgl. Moore, B.-U. pag. 240.
Meerschweintran	49·6, 30·9 76·8		Porpoise jaw oil Porpoise body oil	} R. Moore, Journ. amer. chem. soc. 1889, 11, 155, } Chem. Ztg. Rep. 1890 pag. 115.
Menhadentran	147·9 160			Archbutt, B.-U. pag. 510. Thomson u. Ballantyne, B.-U. pag. 510.
Mohnöl	135 136, 137 139—143 134—135 134 137·6—143·3 134—135 136·8—137·6 132·6—136·6 138·6 131	116·3 139	von Gounelle (Marseille) aus Deutschland	v. Hübl, loc. cit. desgl. Holde, Mittlg. kgl. techn. Vers. Berlin 1891, 9, 81. W. Thörner, loc. cit. Moore, B.-U. pag. 436. Dieterich, desgl. Souchère, desgl. De Negri u. Fabris, B.-U. pag. 436. Lewkowitsch, B.-U. pag. 436. Ulzer, B.-U. pag. 436. A. Shukoff, Chem. Rev. 1901, 12, 250.
Muskatbutter	31 35·83—57·33			v. Hübl, loc. cit. E. Dieterich, Helfenb. Ann. 1897 pag. 336.
Mutterkornöl	71·08	75·09		A. Mjoën, Arch. Pharm. 1896 (234) 278, Chem. Ztg. Rep. 1896 pag. 161.
Myricawachs	10·7			Mills, B.-U. pag. 535.
Myrtenwachs = Myricawachs				
Nachtviolenöl	155			De Negri u. Fabris, Ztschr. analyt. Ch. 1894, 556.
Nigeröl	133·5 132·9	147·5	Jodzahl der flüssigen Fettsäuren	F. Wallenstein u. H. Fink, Chem. Ztg. 1894 p. 1190. Archbutt, B.-U. pag. 441.

Nußöl	142		in Wien gepreßt	v. Hübl, loc. cit.
	144		aus Bayern bezogen	desgl.
	147·9—151·7			Dieterich, B.-U. pag. 438.
	145·7			Hazura, desgl.
	144·5—145·1			De Negri u. Fabris, B.-U. pag. 438.
	142—151·7		kalt gepreßt	L. F. Kebler, Am. Journ. Pharm. 1901, 73, 178, Chem. Rev. 1901 pag. 133.
	128			A. Shukoff, Chem. Rev. 1901, 12, 250.
Ochsenklauenöl	69·3—70·4			Lewkowitsch, B.-U. pag. 505.
	66·0		Ochsenfußöl a. d. Wiener Handel	v. Hübl, loc. cit.
	70		desgl.	desgl.
	65—72	68·4—75·8	Rinderklauenöl	H. Coste u. S. Parry, Chem. Ztg. 1898 pag. 61.
	66—74		Rinderfußöl, 10 Proben	{ H. Holde u. M. Stange, Mittlg. kgl. techn. Vers.
	77·6		„ 1 Probe	{ Berlin 1900 pag. 255.
Oleomargarin = Margarin				
Olivenkernöl	81·8		aus Italien	v. Hübl, loc. cit.
	87—87·8			O. Klein, Ztschr. angew. Ch. 1898 pag. 847.
Olivenöl	81·6		Speiseöl Nizza	v. Hübl, loc. cit.
	81·8		„ Livorno	desgl.
	81·8		„ Südfrankreich	desgl.
	82·2		„ J. Stettner, Triest	desgl.
	82·2		„ Lucca	desgl.
	82·7		„ Bari	desgl.
	83·9		„ Dalmatien	desgl.
	81·8—84·5		Baumöle, 8 Proben verschiedener Provenienz	desgl.
	79—84			Holde, Mittlg. kgl. techn. Vers. Berlin 1891, 9, 81.
	77·28—88·68		kalifornisches Öl, 11 Proben	{ F. Lengfeld u. L. Paparelli, Rev. internat. des
	78·51—81·7		unbek. Herkunft, 4 Proben	{ falsif. 1892, 5, 98, Ch. Ztg. Rep. 1892 pag. 132.
	92·5		dalmatinisches Öl, 1 Probe	J. S. Kantschieder, Chem. Ztg. 1897.
	92·8		desgl. 1 Probe	Guozdenovič, Chem. Ztg. 1897, 282, 312.
	80·7—91·5		desgl.	desgl.
	79—90			desgl.
	82—83	87—88		W. Thörner, loc. cit.
	83			Moore, B.-U. pag. 446.
	81·6—84·5			Dieterich, desgl.
	79—88			De Negri u. Fabris, B.-U. pag. 446.

Name des Fettes	Jodzahl	Jodzahl der Fettsäuren	Bemerkungen	Literaturnachweis
Olivenöl	79—83·2 79—90 79—86 80—83·62 79·78—85·64 85 82·3	86·1 90·2	gewöhnlich 82—85 „ 83 Persisches Öl Öl aus der Krim	Oliveri, B.-U. pag. 446. Benedikt u. Wolfbauer, B.-U. pag. 446. Ulzer, B.-U. pag. 446. Morawski u. Demski, B.-U. pag. 446. Williams, B.-U. pag. 446. E. Dieterich, Helfenb. Ann. 1897 pag. 336. desgl. } A. Shukoff, Chem. Rev. 1901, 12, 250.
Palmkernöl	13—14 10·3—17·5 12·3	12 13·4—13·6 12·07 3·6—4·7	rohes Öl raffiniertes Öl	W. Thörner, loc. cit. Valenta, B.-U. pag. 526. Beckurts u. Seiler, B.-U. pag. 526. Morawski u. Demski, desgl. „ desgl.
Palmöl	50·4, 52·4 51·5 51—52·4	53·3 53·4		v. Hübl, loc. cit. W. Thörner, loc. cit. Wilson, B.-U. pag. 524. Williams, desgl.
Paradiesnußöl	71·64	72·33	a. d. Früchten v. Lecithys sabucajo	G. de Negri, Chem. Ztg. 1898 pag. 961.
Paranußöl = Brasilnußöl				
Pferdefett	84 86·1 81·09 74·84 81·6 77·6—80·6	83·9—87·1 83.88 74·41 83·37	Nierenfett Kammfett Speckfett Knochenmarkfett	F. Filsinger, Chem. Ztg. 1892 pag. 792. W. Kalmann, Ch. Ztg. 1892 pag. 922. { C. Amthor u. J. Zink, Ztschr. analyt. Chem. 1892, 31, 381. J. Zink, Chem. Ztg. Rep. 1897 pag. 46.
Pferdefußöl	73·7—73·9 90·3			Lewkowitsch, B.-U. pag. 505. C. Amthor u. J. Zink, Ztschr. analyt. Ch. 1892,381.
Pfirsichkernöl	99·71 99·5	101·93		C. Micko, Ztschr. österr. Apoth.-Ver. 1893, 31, 175. Beckurts u. Seiler, B.-U. pag. 461.

	92·5—93·5 92·5—109·7 107·87-108·93	94·1 94·1—102·0	frisches Öl Jodzahl nach Hübl-Waller	De Negri u. Fabris,　desgl. K. Dieterich, Pharm. Centrh. 1896 No. 46. desgl.
Pflaumenkernöl	100 4 100·2	102 104·21		De Negri u. Fabris, Ztschr. anal. Ch. 1894, 558. C. Micko, Ztschr. österr. Apoth.-V. 1893, 31, 175.
Pistazienöl	86·8—87·8	88·9		De Negri u. Fabris, Ztschr. anal. Ch. 1894 p. 565.
Provenceröl = Olivenöl				
Rapsöl = Rüböl				
Reisöl	96—100			A. Smetham, Journ. soc. chem. Ind. 1893, 848.
Renntierfett	31·36, 35·8	34·5		W. E. Tischtschenko, Chem. Ztg. Rep. 1900 p. 152.
Repsöl = Rüböl				
Rettichöl	95·6—95·9	97·1		G. de Negri u. G. Fabris, Ztschr. anal. Ch. 1894 p. 555.
Ricinusöl	84—84·7 84·3, 84·4 85·9 83·8, 84·4, 85·2 82·8—83·3 93—94 83·4 84—84·5 82·6—83·9 82—83 82—84 84	87—88 86·6—88·3 93·9	italienisches Öl aus dem Wiener Handel italienisches Öl bei 20, 50 und 80° geprefst kalt geprefst zu medizin. Zwecken	v. Hübl, loc. cit. desgl. L. van Itallie, Apoth.-Ztg. 1890, 5, 750. desgl. W. Fahrion, Ch. Ztg. 1892 pag. 1472. W. Thörner, loc. cit. Wilson, B.-U. pag. 500. Dieterich,　desgl. Thomson u. Ballantyne, B.-U. pag. 500. Holde, B.-U. pag. 500. Ulzer,　desgl. Morawski u. Demski, B.-U. pag. 500. Williams, B.-U. pag. 500. A. Shukoff, Chem. Rev. 1901, 12, 250.
Rindertalg	16·6 39·2, 40 18·8 38—40 38·3 45·2	26—30 92·2 92·4	Prefstalg Handelstalg Bognolato-Talg Berliner Talge } Jodzahl der flüssi- austral. Talge } gen Fettsäuren	v. Hübl, loc. cit. desgl. desgl. W. Thörner, loc. cit. F. Wallenstein u. H. Fink, Chem. Ztg. 1894 p. 1190. desgl.

Name des Fettes	Jodzahl	Jodzahl der Fettsäuren	Bemerkungen	Literaturnachweis
Rindertalg	43·3—44			Wilson, B.-U. pag. 583.
	35·4—36·4			Filsinger, desgl.
	35·6—38·9			Dieterich, desgl.
		41·3		Williams, desgl.
	39·8—51·8	25·9—32·8		Morawski u. Demski, B.-U. pag. 583.
	35·9—37·4			V. Henriques u. C. Hansen, loc. cit.
	36—40		35·9 nach der Methode Waller	K. Dieterich, Chem. Ztg. 1898 pag. 729.
	40—41		16 Proben	A. Smetham, Journ. soc. chem. Ind. 1899, 18, 330.
	41—45		41 „	desgl.
	45—48		476 „	desgl.
	48—52		49 „	desgl.
	35—44		7 „	desgl.
	16·94—21·73		Prefstalg	E. Dieterich, Helf. Ann. 1897 pag. 331.
Robbentran	91—95			Mills, B.-U. pag. 507.
	125—130			Schädler, desgl.
	127—128			Kremel, desgl.
	142·2—152·4			Thomson u. Ballantyne, B.-U. pag. 507.
	96·5			Andreasch, B.-U. pag. 507.
Rotrepsöl	154·9—155·3	157		De Negri u. Fabris, B.-U. pag. 444.
Rüböl	97—105			v. Hübl, loc. cit.
	98			O. Schweifsinger, Pharm. Centrh. n. F. 1890, 11, 173.
	100—108			Holde, Mittlg. kgl. techn. V. Berlin, 1891, 9, 81.
	100·5			Thomson u. Ballantyne, Journ. soc. chem. Ind. 1892, 11, 506.
	98—100	97—99		W. Thörner, loc. cit.
	103·6			Moore, B.-U. pag. 465.
	98·5—105			Dieterich, desgl.
	100·4—102·8			Wilson, desgl.
	97·6—102	99·8—103·1		De Negri u. Fabris, B.-U. desgl.
	98—104			Benedikt u. Wolfbauer, desgl.
	98—103			Ulzer, B.-U. pag. 465.

	94·3—110·4	96·3—99·02 105·6	Colzaöl	Morawski u. Demski, B.-U. pag. 465. Williams, B.-U. pag. 465. A. Shukoff, Chem. Rev. 1901, 12, 250.
Rübsenöl = Rüböl				
Safloröl	141·6		von Carthamus tinct.	A. Shukoff, Chem. Rev. 1901, 12, 250.
Sardinentran	96—193·2			Fahrion, Chem. Ztg. 1893, 434, 684.
Sawarrifett	49·5	51·5		Lewkowitsch, Chem. Ztg. 1889 pag. 592.
Schmalzöl = Specköl				
Schokoladenbutter = gereinigtes Kokosfett (Dikafett)				
	57·6, 60			v. Hübl, loc. cit.
		89·4—94·5		E. Dieterich, Helfb. Ann. 1890, 2, Chem. Ztg. Rep. 1891 pag. 147.
	50·15—52·6	51·61—52·27	frisches Fett	C. Amthor u. J. Zink, Ztschr. f. analyt. Chem. 1892, 31 pag. 534.
	49·5—50·19		altes Fett	
	46·6, 47·6—64			E. Spaeth, Ztschr. angew. Chem. 1893, 133.
	61·5—67·87			A. Goske, Chem. Ztg. 1896 pag. 21.
	59—68·8		amerikan. Fett	M. Dennstädt u. F. Voigtländer, Arbeiten des kais. Gesundh. 1896 pag. 621, Chem. Ztg. Rep. 1897 pag. 324.
	46—62		deutsche Schmalze	
	54·63—64·98		amerikan. Fett	Dieterich u. v. Raumer, Ch. Ztg. Rep. 1897 p. 537.
	59—60	47·6		W. Thörner, loc. cit.
Schweinefett	65·4	104·5	amerikan. Fett. Western steam lard. Jodz. der flüss. Fettsäure	F. Wallenstein u. H. Fink, Ch. Ztg. 1894 p. 1190.
	52·7	96·6	Berliner Schw. desgl.	desgl.
	60·4	96.2	ungarisches	desgl.
	60·9	95·2	Wiener Schw.	desgl.
	59·5	96	rumänisches Fett	desgl.
	57·1—60			Wilson, B.-U. pag. 592.
	49·9—63·8			Dieterich, desgl.
	56·9—59			Engler u. Rupp, B.-U. pag. 592.
	62·4		amerikan.	Schweitzer u. Lungwitz, B.-U. pag. 592.
	46—64			Benedikt u. Wolfbauer, desgl.
	59—62	92		Mansfeld, B.-U. pag. 592.
	49·3—65·5			V. Henriques u. C. Hansen, loc. cit.

Name des Fettes	Jodzahl	Jodzahl der Fettsäuren	Bemerkungen	Literaturnachweis
Schweinefett	62·8 —64·1 58—63·1 60—66 48—55	89·4—94·5	amerikan., nach d. Methode Waller amerikan. amerikan.} nach Waller Jodzahl der flüssigen Fettsäuren	K. Dieterich, Chem. Ztg. 1898 pag. 729. A. Bömer, Ztschr. Unters. Nahr.- u. Genußm. 1898, 1, 532. E. Dieterich, Helfb. Ann. 1897, 12, 145. E. Dieterich, Helfb. Ann. 1890, 2, Ch. Ztg. Rep. 1891 pag. 147.
Senföl	97·68 103·07 96 106·25-106·57 92·1—93·8 114·9—120	109·6 94·7—95·87	aus weißem Senfsamen aus schwarzem Senfsamen desgl. desgl. aus den Samen des weißen Senfes	} F. Lengfeld u. L. Paparelli, Rev. intern. des falsif. 1892, 5, 98, Chem. Ztg. Rep. 1892 p. 132. Moore, B.-U. pag. 470. De Negri u. Fabris, B.-U. pag. 470. desgl. A. Shukoff, chem. Rev. 1901, 12, 250.
Sesamöl	105 106—108 106—109 103—105 102·7 108—111·7 106·4—109 107—108 107—109 106·3 104·8 107·7 114—115	110—111 112 108·9—111·4	von Marseille aus dem Wiener Handel afrikanisches indisches levantinisches russisches Öl	v. Hübl, loc. cit. desgl. Holde, Mittlg. kgl. techn. Vers. Berlin 1891, 9, 81. W. Thörner, loc. cit. Moore, B.-U. pag. 472. Dieterich, desgl. Filsinger, desgl. De Negri u. Fabris, B.-U. pag. 472. Ulzer, B.-U. pag. 472. Morawski u. Demski, B.-U. pag. 472. F. Utz, Pharm. Ztg. 1900 pag. 490. desgl. desgl. A. Shukoff, Chem. Rev. 1901, 12, 250.
Sheabutter	56·2—56·9			Lewkowitsch, B.-U. pag. 536.
Sojabohnenöl	122·2 121·3 113·96 124	115·2 122		Morawski u. Stingl, B.-U. pag. 496. De Negri u. Fabris, desgl. A. Nikitin, Wratsch 1900, 21, 674, Zeitschr. f. Unters. Nahrungs- u. Genußm. 1900. A. Shukoff, Ch. Rev. 1901, 12, 250.

Sonnenblumenöl	129	133—134		Spüller, B.-U. pag. 440.
	122·5—133·3			Dieterich, desgl.
	120	124·5		De Negri u. Fabris, B.-U. pag. 440.
	129	133—134		W. Thörner, loc. cit.
	124			J. Jean, Am. chim. anal. appl. 1901, 6, 166.
	136			A. Shukoff, Chem. Rev. 1901, 12, 251.
Specköl	82·8		bei 16° C. geprefstes Öl	A. Goske, Chem. Ztg. 1892 pag. 1560.
	70		bei 33·5 „ „	desgl.
	73		nach der Methode Bellier	M. Duyk, Bull. d'assoc. Belg. de Chim. 1901 p. 18, Chem. Rev. 1901, 4, 72.
Spermacetiöl = Walratöl				
Stillingiatalg = Chinesischer Talg				
Strophantusöl	73·02		aus den Samen von Str. hispida	A. Mjoën, Arch. Pharm. 1896, 234 pag. 283.
	101·6			M. Bjalobrsheski, Ch. Ztg. Rep. 1901 pag. 150.
Sumachwachs = Japanwachs				
Talg vgl. Chinesischer Talg, Hammeltalg, Rindertalg.				
Tannensamenöl	119—120	121·5		De Negri u. G. Fabris, Ztschr. anal. Ch. 1894 p. 364.
Teesamenöl	88			Itallie, B.-U. pag. 494.
Tieröl vgl. Hammelklauenöl, Ochsenklauenöl, Pferdefufsöl.				
Tournanteöl = Olivenöl				
Tran vgl. Dorschlebertran, Delphintran, Meerschweintran, Robbentran, Menhadentran, Sardinentran, Walfischtran.				
	154·2		Stockfischlebertran	Lewkowitsch, B.-U. pag. 520.
	90		Haifischlebertran	Eitner, desgl.
	114·6		Eishai-Lebertran	Lewkowitsch, desgl.
Traubenkernöl	94	98·65		Horn, B.-U. pag. 503.
	95·8—96·2	98·9—99·05		De Negri u. Fabris, B.-U. pag. 503.
Ucuhubafett	9·5		von Myristica bicuhyba	Valenta, B.-U. pag. 538.

Name des Fettes	Jodzahl	Jodzahl der Fettsäuren	Bemerkungen	Literaturnachweis
Ungnadiaöl	81·5—82	86—87	von Ungnadia speciosa	Schädler, B.-U. pag. 495.
Wachs vgl. Bienenwachs, Japanwachs				
Walnußöl = Nußöl				
Walfischtran	80·9 85 110·1 120—130 140 80—85 80		Bottlenoseöl „ gebleicht	Allen, B.-U. pag. 508. Andreasch, desgl. Thomson u. Ballantyne, B.-U. pag. 508. Schweitzer u. Lungwitz, desgl. M. Winnem, Chem. Rev. 1901 pag. 199. desgl. desgl.
Walratöl	84 81·3 82·1	88·1		Archbutt, B.-U. pag. 521. Thomson u. Ballantyne, B.-U. pag. 521. Williams, B.-U. pag. 521. Thomson u. Ballantyne, Ch. Ztg. 1893 pag. 253.
Weizenöl	115·17	123·27		G. de Negri, Ch. Ztg. 1898 pag. 976.
Wollschweißfett = Lanolin				
Zedernußöl	159·2 149·5—150·5 143·8	161·3	{aus den Samen v. Pinus cembra} {Jodzahl der flüss. Fettsäure 184·0}	L. v. Schmoelling, Chem. Ztg. 1900 pag. 815. D. Kryloff, Chem. news. 1899, 80, 113. A. Shukoff, Chem. Rev. 1901, 12, 250.

III. Teil.

Die „Bromzahl".

Die „Bromzahl".

An Stelle des Jodes, welches nur sehr träge auf die Fette
einwirkt, wird namentlich in neuerer Zeit von vielen Analytikern Brom empfohlen, welches allerdings rascher einwirkt
als Jod, jedoch in der Mehrzahl der Fälle Resultate finden
läfst, die mit den Hüblschen Jodzahlen wenig Übereinstimmung zeigen. Meist sind die Methoden der Bromzahlbestimmung noch nicht genügend durchprobiert, um mit der alten
Hüblschen Methode erfolgreich konkurrieren zu können,
andere hingegen, die bezüglich ihrer raschen Ausführung und
annähernd richtigen Resultate, die sie liefern, sehr bequem
zu Kontrollbestimmungen benutzt werden könnten, finden
nicht die Beachtung, die sie verdienen. Im folgenden seien
die Methoden der Bromzahlbestimmung in der chronologischen
Reihenfolge ihrer Publikation beschrieben.

Ed. Mills[1]) verwendete eine Lösung von Brom in
Schwefelkohlenstoff, welche dem in Schwefelkohlenstoff ge-
lösten Fett zugesetzt wurde. Da jedoch eine derartige Bromlösung nur geringe Haltbarkeit zeigte, verwendete Mills[2])
später an Stelle des Schwefelkohlenstoffes Tetrachlorkohlenstoff.

Eine Lösung von Brom in Tetrachlorkohlenstoff (1 cm^3
$= 0{\cdot}00644$ g Br) ist durch mindestens 6 Wochen unverändert
haltbar. Zur Durchführung der Bestimmung werden $0{\cdot}1$ g
Fett in 50 cm^3 Tetrachlorkohlenstoff gelöst und von der Bromlösung so viel zugesetzt, dafs nach 15 Minuten noch deutliche
Färbung wahrzunehmen ist. Der Überschufs der Bromlösung
wird nun zurückgemessen, entweder nach Zusatz von Jod-

---

[1]) Mills und Snodgrafs, Journal of the society of chem. Ind. 1883.
[2]) Mills und Akitt, Journ. soc. chem. Ind. 1884.

kaliumlösung in der bekannten Weise mit Natriumthiosulfat oder ohne Jodkaliumzusatz mittels einer Lösung von β-Naphtol in Tetrachlorkohlenstoff, welches mit Brom unter Bildung von Monobrom-β-naphtol reagiert. Man titriert dann, bis die gelbe Färbung des Bromes verschwindet. Im Falle das Produkt der Einwirkung des Bromes auf die Fette gefärbt ist und das Ende der Titration schwer zu erkennen ist, beobachtet man Titerstellung und Probe durch Licht, welches eine Kaliumchromatlösung passiert hatte.

Mills erhielt für verschiedene Fette die folgenden Zahlen, welche mit $\dfrac{127}{80} = 1\cdot5875$ multipliziert die entsprechenden Jodzahlen ergeben:

	Bromzahl	daraus berechnete Jodzahl
Behenöl	50·89 und 52·95	80·79 und 84.05
Bienenwachs	0—0·54	0—0·86
Carnaubawachs	33·5	53·18
Dorschlebertran	81·61—86·69	129·55—137·62
Eucalyptusöl	94·09	149·37
Fischöl (Ling liver oil)	82·44	130·87
„ (Shark liver oil)	84·36	133·92
Japanwachs	1·53 und 2·33	2·43 und 3·70
Javanußöl	30·24	48·01
Krotonöl	46·66	74·06
Mandelöl (aus bitteren M.)	26·27	41·69
„ (aus süßen M.)	53·74	85·31
Maisöl	74·42	118·14
Mohnöl	56·54	89·76
Myricawachs	6·34	10·06
Nigeröl	35·11	55·74
Olivenöl	59·34 und 60·61	94·20 und 96·22
Ochsenklauenöl	38·33	60·85
Palmöl	34·96 und 35·44	55·60 und 56·26
Pfirsichkernöl	25·4	40·31
Pferdefett	35·67	56·63
Robbenthran	57·34—59·92	91·03—95·12
Senföl	46·15	73·26
Sesamöl	47·35	75·17
Sonnenblumenöl	54·32	86·23
Walöl	30·92 und 48·69	49·09 und 77·30

An Stelle einer Bromlösung schlug A. H. Allen[1]) vor, eine Lösung von Natriumhypobromit zu verwenden, welche auf Zusatz von Salzsäure Brom ausscheidet. Die Lösung bereitet man durch Eintragen von Brom in Natronlauge in der Kälte:

$$2\,NaOH + 2\,Br = NaBr + NaBrO + H_2O.$$

Beim Kochen der Lösung, sowie bei längerem Aufbewahren derselben entsteht Natriumbromat:

$$3\,NaBrO + 3\,NaBr = 5\,NaBr + NaBrO_3.$$

Da jedoch beide Salze durch Salzsäure unter Abscheidung der gleichen Menge Bromes zersetzt werden, ist der Titer der Lösung unveränderlich:

$$3\,NaBrO + 3\,NaBr + 6\,HCl = 6\,NaCl + 3\,H_2O + 3\,Br_2$$
$$\text{und}\ \ NaBrO_3 + 5\,NaBr + 6\,HCl = 6\,NaCl + 3\,H_2O + 3\,Br_2.$$

Ein Überschufs von Natronlauge erhöht die Haltbarkeit der Lösung.

A. Levallois[2]) bestimmt die Bromzahl der Fettsäuren, indem er 5 g des Fettes in einer Eprouvette mit 10 cm³ konzentrierter alkoholischer Kalilauge verseift, die Seifenlösung mit Alkohol auf 50 cm³ verdünnt und 5 cm³ derselben in einer Flasche mit eingeschliffenem Glasstöpsel durch Salzsäure zersetzt. Die ausgeschiedenen Fettsäuren werden mit konzentriertem Bromwasser im Überschufs versetzt, so dafs nach dem Schütteln noch dauernde Gelbfärbung sich zeigt. Der Überschufs des Bromwassers wird zurückgemessen. Die Titrierung des Bromwassers erfolgt durch arsenige Säure. Levallois erhielt für 1 g Fett die folgenden Mengen vom Fette aufgenommenen Bromes in g

Arachisöl	0˙530
Baumwollsamenöl	0˙645
Colzaöl	0˙640
Leindotteröl	0˙817
Leinöl	1˙000
Mohnöl	0˙835
Olivenöl	0˙512—0˙522
Sesamöl	0˙695

---

[1]) Journ. soc. chem. Ind. 1884 pag. 65.
[2]) Journal de Pharm. et de Chim. V. Sér. 1887, 333.

G. Halphen[1]) verwendet zur Bestimmung der Bromzahl Bromwasser und eine durch Eosin gefärbte Natronlauge, welche man erhält durch Verdünnen von 20 cm³ Natronlauge von 36° Bé. mit 980 cm³ Wasser unter Zusatz von 2 g Eosin. Der Titer dieser Natronlauge wird zunächst mit Bromwasser von genau bekanntem Bromgehalt ermittelt. In eine Stöpselflasche bringt man 10 cm³ Bromwasser von bekanntem Titer, 20 cm³ Schwefelkohlenstoff und läfst die zu stellende Natronlauge aus einer Bürette langsam unter Umschütteln zufliefsen. Die Farbe der Mischung ist anfangs bräunlich und geht schliefslich durch fast farblos in blasses lachsrot über. Auch das zur Verwendung kommende Bromwasser wird nun in der gleichen Weise mit der bereits gestellten Natronlauge titriert. Zur Ausführung der Bromzahlbestimmung wird 1 g Fett oder Fettsäuren in einer Stöpselflasche von etwa 250 cm³ Inhalt durch 20 cm³ Schwefelkohlenstoff gelöst und unter Umschütteln mit so viel Bromwasser versetzt, dafs etwa 0·5 g Brom im Überschufs vorhanden bleiben. Nach 15 stündiger Einwirkungsdauer wird der Überschufs an Brom zurückgemessen.

G. Meyer[2]) benutzt die von A. Allen vorgeschlagene Lösung von Natriumhypobromit, welche er darstellt, indem er 15 g Brom mit Natronlauge versetzt, bis die Reaktion eben alkalisch wird, und nun mit Wasser auf 1 Liter verdünnt. Zur Durchführung des Versuches wird 1 g Fett in 20 cm³ Schwefelkohlenstoff oder Chloroform gelöst und mit 50 cm³ der Hypobromitlösung versetzt, die Mischung wird mit Salzsäure angesäuert, durchgeschüttelt und bis zum nächsten Tag stehen gelassen. Nach Zusatz einer Jodkaliumlösung erfolgt die Titrierung mit Natriumthiosulfat in bekannter Weise.

Meyer bestimmte nach dieser Methode die Bromzahl für

> Pferdefett zu 67
> Schweinefett 40.

Die aus diesen Zahlen berechneten Jodzahlen sind 106·4 bezw. 63·5.

---

[1]) Journal de Pharm. et de Chim. V. Sér. 1889 pag. 247.
  Chem. Ztg. 1890 pag. 1202.

Den Vorschlägen Mills analog bedienen sich Schlagden-hauffen und Braun[1]) einer Lösung von Brom in Schwefel-kohlenstoff oder Chloroform zur Bestimmung der Bromzahl. 2·5 g des Fettes werden in Chloroform oder Schwefelkohlen-stoff zu einem bestimmten Volumen (50 cm^3) gelöst und ein aliquoter Teil der Lösung (10 cm^3 = 0·5 g Fett) mit so viel Bromlösung versetzt, dafs nach dem Umschütteln die Färbung bleibt. Das überschüssige Brom wird durch Jodkaliumlösung und Natriumthiosulfatlösung zurückgemessen.

Eines ziemlich umständlichen Verfahrens der Ermittlung der Bromzahl bedient sich G. Fleury,[2]) er benutzt eine Lösung von 12 g Brom in 1 Liter Schwefelkohlenstoff, deren Titer mittels Jodkaliumlösung und Natriumthiosulfatlösung gestellt wird. Zur Durchführung der Bestimmung wird die abgewogene Fettmenge in 5—10 cm^3 Schwefelkohlenstoff ge-löst und mit Bromlösung versetzt, so dafs die Probe nach einstündiger Einwirkung noch deutlich gefärbt erscheint. Die Einwirkung des Bromes auf das Fett läfst man im Dunkeln sich vollziehen. Hierauf wird die Probe mit Natriumbisulfit-lösung im Scheidetrichter durchgeschüttelt, wobei unter Ent-stehung von Schwefeldioxyd sämtliches freie Brom in Brom-wasserstoff (NaBr) übergeführt wird. Nach etwa 2—3 Stunden trennen sich die Flüssigkeiten im Scheidetrichter, worauf die wässerige Lösung abgezogen und die Schwefelkohlenstoff-lösung mit Wasser nachgewaschen wird. Die wässerige Lösung, sowie die Waschwässer werden vereinigt, sie ent-halten neben Bromwasserstoff noch schweflige Säure, zu deren Oxydation man die Flüssigkeit mit verdünnter Schwefelsäure und pulverisiertem Kaliumbichromat durchrührt. Nach Zusatz von Kalilauge bis zur alkalischen Reaktion kocht man zur Vertreibung des noch vorhandenen Schwefelkohlenstoffes und bestimmt das Brom mittels Zehntelnormal-Silbernitratlösung. Die gefundene Brommenge vom Titer der dem Fette zu-gesetzten cm^3 Bromlösung (beide als Br berechnet) abgezogen, gibt die Bromabsorption des Fettes. Fleury fand für einige Fette nach seinem Verfahren die folgenden Zahlen:

---

[1]) Journ. Pharm. et Chim. 1891 V. Sér. pag. 97.
[2]) Journ. Pharm. et Chim. 1892 V. Sér. pag. 106.

	Bromzahl	daraus berechnete Jodzahl
Baumwollsamenöl	49·6	77·5
„	52·7	83·7
Kakaobutter	22·4	35·6
Olivenöl	52	82·5
„	53	84·1
„	54	85·7
Schweinefett	34·4	54·6
„	35·1	55·7
„	35·6	56·5
„	36·1	57·3

Ähnlich wie Schweitzer und Lungwitz bei Bestimmung der Hüblschen Jodzahl als „genaue Jodzahl" nur die vom Fette addierte Jodmenge in Betracht ziehen, versucht Parker C. Mc. Ilhiney[1]) auch die Bromzahl von der vom Fette durch Substitution verbrauchten Brommenge unabhängig zu machen. Das Verfahren ist dem Wesen nach folgendes:

0·25—1 g des Fettes werden in 10 cm³ Tetrachlorkohlenstoff gelöst und mit einer genügenden Menge einer Drittelnormal-Brom-Lösung (Brom in Tetrachlorkohlenstoff) der Reaktion überlassen. Man verwendet hierzu eine Stöpselflasche mit gut eingeschliffenem Glasstöpsel, auf deren Hals ein Stück Kautschukschlauch aufgezogen wird, welches mit dem Stöpsel einen kleinen Behälter bildet. Nach beendeter Reaktion bewirkt man durch Abkühlen der Flasche im Innern derselben eine Druckverminderung, bringt Wasser in den Schlauchbehälter und saugt durch Lüften des Stöpsels etwa 25 cm³ Wasser nach und nach in die Flasche ein, wodurch Absorption des bei der Reaktion entstehenden Bromwasserstoffes stattfindet. Nach Zusatz von 10—20 cm³ Jodkaliumlösung wird das ausgeschiedene Jod mit Thiosulfat titriert. In gleicher Weise erfolgt die Titerstellung des beim Versuche verwendeten Volumens der Bromlösung. Ist der Versuch derart ausgeführt, dann wird in einem Scheidetrichter die wässerige Lösung von der Tetrachlorkohlenstofflösung getrennt und die in derselben vorhandene Bromwasserstoffmenge gewichtsanalytisch bestimmt.

---

[1]) Journ. amer. chem. soc. 1894, 261 u. 1899, 1084; Ch. Ztg. Rep. 1894, 130 u. 1900, 11.

Die Berechnung der Bromzahl findet auf Grund folgender Erwägung statt:

Für jedes durch Substitution vom Fette aufgenommene Bromatom entsteht ein Molekül Bromwasserstoff. Die als Bromwasserstoff vorhandene, gewichtsanalytisch bestimmte Brommenge gibt daher verdoppelt jene Menge Brom an, welche vom Fette durch Substitution verbraucht wurde; subtrahiert man sie vom Gesamtverbrauch an Brom, dann verbleibt als Differenz die „Bromaddition" des Fettes.

Mc. Ilhiney fand nach diesem Verfahren die Bromabsorption einiger Fette wie nachstehend:

	Gesamtabsorption	Addition	Substitution
Rohes amerik. Leinöl	102·88	102·88	—
Gekochtes Leinöl	103·92	103·92	—
Baumwollsamenöl (white salad cotton leed oil)	65·54	64·26	0·64
Walratöl	56·60	54·52	1·04

Als Vorteile des Verfahrens hebt Mc. Ilhiney dessen rasche Ausführbarkeit hervor, die Unveränderlichkeit des Titers, die getrennte Bestimmung von Bromaddition und Substitution und endlich die Billigkeit, da der Tetrachlorkohlenstoff aus den beendeten Proben durch Destillation leicht wieder zu gewinnen ist.

O. Hehner[1] bestimmt die Bromzahl eines Fettes durch Einwirkung von elementarem Brom und Wägung des entstehenden Bromadditionsproduktes, sowie durch die bei der Einwirkung des Broms stattfindende Temperaturerhöhung. Hehner löst 1—3 g Fett in einigen Kubikcentimetern Chloroform, setzt tropfenweise Brom im Überschufs zu, erwärmt am Wasserbade und vertreibt den Überschufs des Bromes durch nochmaliges Abdunsten mit Chloroform. Die Probe wird hierauf im Trockenschranke bei 125° bis zum konstanten Gewichte getrocknet. Die Gewichtszunahme ergibt die Bromabsorption. Hehner fand bei den meisten Ölen Zahlen, die

---

[1] The Analyst 1895, XX, 50, 146; Ztschr. f. angew. Chem. 1895, 300; Chem. Ztg. 1895 pag. 264; Journ. soc. chem. Ind. 1897 pag. 87; R. Williams, The Analyst 1895, 277; Jenkins, Journ. soc. chem. Ind. 1897 pag. 193; L. Archbutt, Journ. soc. chem. Ind. 1897 pag. 309.

mit den Hüblschen Zahlen gute Übereinstimmung zeigten und nur bei sauerstoffreichen Ölen erhebliche Unterschiede aufwiesen, so z. B.

	Jodzahl nach Hübl	Jodzahl aus der Bromaddition berechnet
Olivenöl	80·3	81·5
„	80·2	79·9
„	80·6	80·7
Schweinefett	65·7	64·4
„	65·7	64·6
„	63·2	64·1
„	60·1	61·4
Maisöl	122·0	123·2
Butter	34·0	34·3

R. Williams fand für Leinöle nach Hehners Methode:

Rohes Leinöl	183·2	181·2
„	192·9	191·5
„	185·2	182·7
„	195·5	189·2
„	194·8	189·8
„	195·1	189·5
Gekochtes Leinöl, dünnflüssig	175·1	176·6
„ „	163·0	178·4
„ dickflüssig	99·5	104·1
„ sehr dickflüssig	96·9	95·1

Jenkins fand, daſs die Art der Trocknung von wesentlichem Einfluſs auf das Resultat sei, wie die nachstehende Übersicht[1]) zeigt:

Name des Öles	Hüblsche Jodzahl	Bromzahl, bestimmt durch Trocknen bei			
		97° während		125° während	
		3 Stunden	5 Stunden	3 Stunden	5 Stunden
Rüböl	100·2	99·8	99·0	96·8	95·5
Rohes Leinöl	174·3	171·1	168·8	161·8	156·9
Gekochtes Leinöl	166·6	169·9	166·2	157·5	154·9
Ricinusöl	84·1	88·8	86·9	80·0	77·2

---

[1]) Jenkins, Journ. soc. chem. ind. 1897 pag. 193.

Gröfsere Abweichungen gegenüber der Hüblschen Jodzahl fand Jenkins bei japanischem Holzöl, sowie bei ge-
blasenen Ölen:

	Hüblsche Jodzahl	Jodzahl aus der Bromzahl berechnet
Holzöl, spez. Gew. 0·9385	165·7	189·0
Geblasenes Rüböl, spez. Gew. 0·9621	55.3	75·8
Geblasenes Baumwollsamenöl, spez. Gew. 0·9639	62·2	83·6

Die thermometrische Methode der Bromzahlbestimmung
nach O. Hehner[1]) ist hinsichtlich ihrer raschen Ausführbarkeit (5—6 Proben in 1 Stunde) und ihrer näherungsweise
richtigen Resultate zu Kontrollbestimmungen besonders ge-
eignet.

Zur Ausführung der Probe benutzt man eine Eprouvette, die zum Schutze gegen Wärmeverluste in ein Becher-
glas mit Baumwolle eingepackt wird, oder man benutzt eine
doppelwandige evakuierte Dewarsche Tube, in welche man
1 g Fett einbringt und in 10 cm^3 Chloroform löst. Man rührt
mit einem in $^1/_5$^{0} geteilten Thermometer um und beobachtet
die Temperatur der Fettlösung. Das zuzusetzende Brom hält
man in einem Gefäfse bereit und bringt es auf die gleiche
Temperatur wie die Fettlösung. Mit Hilfe einer Pipette wird
nun 1 cm^3 Brom in die Fettlösung gebracht[2]) und unter Umrühren mit dem Thermometer die sehr rasch eintretende
Temperatursteigerung bestimmt. Das Ablesen erfordert einige
Übung, da die Temperatur nach Erreichen des Maximums
sehr rasch wieder sinkt. 1^0 Temperaturerhöhung entspricht
etwa 5·5—6·2 Einheiten der Hüblschen Jodzahl, was für
jeden Apparat durch Untersuchung von Ölen mit bekannter
Jodzahl ein für allemal festgestellt wird. Hehner fand
folgende Werte für einige Fette:

---

[1]) Hehner u. Mitschell, The Analyst 1895 pag. 146; L. Archbutt, Journ. soc. chem. Ind. 1897 pag. 309.

[2]) Das Saugende der Pipette verbindet man zweckmäfsig mit einer
kleinen Waschflasche, die mit Sodalösung beschickt ist.

	Temperatur-erhöhung in ^{0} Celsius	Hüblsche Jodzahl	Jodzahl berechnet aus der Temperaturerhöhung durch Multiplikation mit 5·5
Schweinefett	10·6	57·15	58·3
„	10·4	57·13	57·2
„	11·2	63·11	61·3
„	11·2	61·49	61·6
„	11·8	64·69	64·9
„	11·8	63·96	64·9
„	10·2	57·15	56·1
„	10·4	57·80	57·2
„	9·0	50·38	49·5
„	11·0	58·84	60·5
Leinöl	30·4	160·7	167·2
„	31·3	154·9	172·0
Butter	6·6	37·07	36·3
„	7·0	38·60	38·5

Jenkins erhielt aus der Temperaturerhöhung durch Multiplikation mit 5·7 die Jodzahlen für

		Hüblsche Jodzahl
Rüböl	98·6	100·2
Rohes Leinöl	173·9	174·3
Gekochtes Leinöl	166·6	166·6
Ricinusöl	83·8	84·1
Geblasenes Rüböl	74·1	55·3
„ Baumwollsamenöl	78·1	62·2
Holzöl	133·4	165·7

Wiley[1] schlägt vor, statt des Bromes eine Lösung von Brom in Chloroform zu verwenden. L. Archbutt[2] fand, dafs bei Anwendung von 2 g Fett die Temperaturerhöhung halbiert, bei Anwendung von 0·5 g Fett verdoppelt werden müsse, um mit dem Faktor multipliziert die richtigen Werte der Jodzahl zu ergeben, den Vorschlag Wileys hält er für nicht rationell.

---

[1] Journ. amer. chem. soc. 1896, 378.
[2] Journ. soc. chem. ind. 1897 pag. 309.